图书在版编目（CIP）数据

慢性焦虑/(西)佩德罗·莫雷诺著;陈晨译.
北京:中国友谊出版公司, 2025.7. -- ISBN 978-7
-5057-6018-9

Ⅰ.B842.6

中国国家版本馆CIP数据核字第20247BB627号

著作权合同登记号 图字：01-2025-0132

The original title: Ansiedad crónica
Written by Pedro Moreno.
© Desclée De Brouwer S.A. 2020, Bilbao, Spain
The simplified Chinese translation rights arranged through Rightol Media
(本书中文简体版权经由锐拓传媒取得Email:copyright@rightol.com)

书名	慢性焦虑
作者	[西] 佩德罗·莫雷诺
译者	陈晨
出版	中国友谊出版公司
发行	中国友谊出版公司
经销	新华书店
印刷	三河市龙大印装有限公司
规格	880毫米×1230毫米 32开
	7.25印张 200千字
版次	2025年7月第1版
印次	2025年7月第1次印刷
书号	ISBN 978-7-5057-6018-9
定价	49.80元
地址	北京市朝阳区西坝河南里17号楼
邮编	100028
电话	(010) 64678009

如发现图书质量问题，可联系调换。质量投诉电话：(010)59799930-601

第 2 版
慢性焦虑

如何从焦虑走向平静

ANSIEDAD
CRÓNICA

[西]佩德罗·莫雷诺 著

陈晨 译

中国友谊出版公司

献给那些无论如何都选择相信
有可能从有害焦虑中解放出来的人。
毫无疑问,
你一定能做到的。

初无来,

中无留,

终无去。

——密勒日巴尊者
（12世纪，中国西藏）

目录 CONTENTS

序　01

第一章
如何将焦虑转化为平静　001

进行心理训练以改变焦虑的大脑	005
基于科学（和其他方面）的建议	007
消除慢性焦虑的计划	011
我们如何开始实践	013

第二章
从焦虑到慢性焦虑　021

逐渐消除焦虑	025
正常焦虑，病理性焦虑	032
无尽的担忧	039
非洲斑马的秘密	043
我们情况如何？	045

第三章
了解焦虑的根源　　051

拯救我们生命的恐惧	053
焦虑，一种非常符合人之常情的情绪	058
制造痛苦的心理	065
化学物质与慢性焦虑	077
我们继续？	080

第四章
我的情况如何　　089

我对自己想法的看法	096
无效的解决办法	104
逐渐获取角度	106

第五章
平静思绪：初级水平　　113

培养正念	116
正念的好处	119
非正式的正念练习	123
正式的正念练习	125
冥想的姿势	131
正念呼吸法	133
正念倾听	136

　　　　步行冥想，正念行走　　　　　　　　　138
　　　　神经训练：为日常生活带来平静　　　140

第六章
平静思绪：中级水平　　　　　　　　147

　　　　感受与思想之间的连接　　　　　　155
　　　　思想守门人　　　　　　　　　　　161
　　　　正念与自由联想　　　　　　　　　162
　　　　在开放意识中平静下来　　　　　　167
　　　　神经训练：观察思想但不迷失其中　169

第七章
平静思绪：高级水平　　　　　　　　173

　　　　如果不起作用，就尝试不同的方法　176
　　　　与你善良的一面建立联系　　　　　182
　　　　有意识地关注情绪　　　　　　　　190
　　　　神经训练：一种非同寻常的解决方法　198

第八章
每天都致力于获得平静　　　　　　　205

本书是原版书的第 2 版，中文简体版的第 1 版，特此说明。

本书呈现的内容以教育为目的。如果您在现实生活中因为自己的情绪而感到不知所措，最好还是向专业的心理医生寻求帮助。这本实用指南并不能代替专家的帮助。

序

从书名来看,你可能会认为自己只有在患有慢性焦虑症的情况下才会对这本书感兴趣,但是我有充分的理由将这本书推荐给所有目前或一直遭受焦虑问题困扰的人。

首先,本书的作者——佩德罗·莫雷诺就已经能为这本书可以帮助你做保证了。我30多年前就认识他了,并且我知道他深入学习和研究那些他非常感兴趣的课题是出于自己的兴趣,尤其是为了患者的利益。他是心理学博士并且是一名临床心理学家,不过最重要的是他拥有25年治疗各类患者的经验,其中许多患者都有焦虑问题。佩德罗很清楚自己在说什么。他对焦虑在不同精神状况中的运作方式有着非常清晰的认知,这也使他不局限于仅仅为患者开具通常注定会失败的简单"处方"。

其次,这本书证明了他有能力深入研究遭受焦虑困扰的人所面对的真正困难,尽管这个问题很复杂,他还是以简洁、清晰、准确的语言为他的患者提供了许多实用的建议。作为他关于焦虑问题的第八本书,这本书仍然可以通过他之前著作中没有出现过的新策略、新练习和新准则为我们带来惊喜。

在这本书中,佩德罗聚焦于内心中被忽视的一部分,它和焦虑的起源与持续存在密切相关。我觉得有必要强调一下它的重要性,因为我认为它是赋予本书其余内容意义的核心。在之前的著作中,作者主要强调了当人们感到焦虑时,如何解读发生在自己身上的事情。所以从这个角度来看,可以说当焦虑来临时,自己的想法比实际上正在发生的事情更重要。如今,佩德罗又迈进了一步,邀请你并和你一起探索你对内心想法的看法。这似乎是一个文字游戏,他想让你通过这个游戏思考焦虑问题的起源,从而对自己的想法多一些了解,仔细思考自己的想法以及它如何让自己产生了焦虑和其他问题情绪。当我们仔细观察时,就能发现我们对自身想法的反应以及对如何控制它们的看法变成了我们情绪问题的核心。

乍一看,观察自己如何看待自己内心想法的这整件事情似乎很复杂。但是请你不要担心,佩德罗在这些话题上有着非常丰富的经验,在接下来的章节中,他将成为你的私人向导,带领着你,帮助你更好地了解你的内心世界。你将和他一起学习识别那些阻止你摆脱焦虑问题的陷阱,这种焦虑问题居心叵测,是一位"不受欢迎的朋友"。刚开始你会进行一些练习,这些练习会帮助你更好地认识自己并找到摆脱焦虑的生活方式。

前三章内容向我们解释了什么是焦虑以及它如何变成了一个问题。一部分原因是当我们处于危险时,自然会感到焦虑,但是在没有实际危险的情况下,我们也可能会感觉不适,由此我们便进入了焦虑症(以及慢性焦虑)的范畴。

第四章会帮助我们审视自己的情况。为此本章中会给出一些线索来识别焦虑出现和(或)增长的方式。其中还包括一些问卷,帮助我们具体了解我们自己是如何"制造"焦虑的。如果我们不能找出这个"焦虑工厂",它就会一直给我们制造麻烦。

在接下来的章节中，我们会通过一些简单轻松的内容了解越来越多作者和他的患者们所做的练习。作者会在书中向你逐步解释以方便你练习。正如他所说，我们已经参与了他的神经训练，佩德罗就成了你的心理教练。通过这些练习，你会明白焦虑问题是如何产生的，并学会以友善的态度观察自己的想法而不是任由自己被思想左右，这也是重获安宁与平静的方法。

长话短说，我想告诉你的是，你在这本书中看到的所有内容都源于作者多年来与焦虑人群相处的经验，为了使这本书真正具有实用性，作者也付出了巨大的努力。作为一名心理学家，我本人在阅读这本书的过程中也看到了许多对我的患者来说很有趣的信息，我也相信这本书会为你处理焦虑问题提供一种新的方法。

最后，我必须承认一个小秘密。佩德罗是我的丈夫，我们共同诊治患者已经很多年了，我们还有两个很棒的孩子。我知道，对于他的作品，我的意见不可能是完全公正的，但是绝对是真挚和诚恳的。我信任他和他的工作，并且我认为这本书很好地反映了他本人的一部分。在我看来，尤其是当你迫切地想感觉好受些的时候，这本宝贵的患者（非患者）指南可以教你更友善地对待自己，并在这个过程中消除慢性焦虑。

安娜·古铁雷斯
临床心理学家

ANSIEDAD
CRÓNICA

第一章
如何将焦虑转化为平静

我们每个人在生活中的某个时刻都可能会感到焦虑或恐惧。事实上,这些情绪都起到了一种很重要的作用:让我们远离每天潜在的危险。然而焦虑和恐惧也可能是焦虑症的表现。在这种情况下,这些情绪就不再适用于生存了,因为在完全无害的情况下我们依然能感受到这些情绪。

焦虑症会引发强烈不适并降低患者的生活质量。如果患者没有得到适当的治疗,焦虑转变为慢性焦虑的风险就会很高,因此有些患者在遭受多年焦虑或恐惧的困扰之后才来咨询;有时候在经历了各种药物治疗或心理治疗后仍未得到满意的结果。

这本新书是我写的第八本关于焦虑以及如何克服焦虑的书,特别献给那些数月或数年以来努力抗争,想在生活中找到安宁与平静的人。我的目的是帮助你更好地了解你的想法如何引发了慢性焦虑,以便你能将这种病态的担忧抛在脑后。这种担忧会让我们不理智地卷入让我们感到痛苦的事情中。

换句话说,如果你总是有类似以下"如果……"这类疑问,这本书就非常适合你:

- 如果事情变得糟糕,而我还没有做好面对它们的准备该怎么办？
- 如果我的亲朋好友出事了该怎么办？
- 如果我的脑子出问题了该怎么办？
- 如果我因为过于担忧而生病了该怎么办？
- 如果我失去控制并做了一些违背我意愿的事情该怎么办？
- 如果我最后发疯了该怎么办？
- 如果我生了重病该怎么办？
- 如果我感觉很不好而没有人能帮助我该怎么办？
- 如果别人发现我状况不好该怎么办？
- 如果我心脏病发作了该怎么办？
- 如果我头晕该怎么办？
- 如果我脑梗发作了该怎么办？
- 如果我永远克服不了焦虑该怎么办？

如果这类疑问频繁出现在你的生活中并让你感到恐惧或焦虑，那么这本书肯定非常适合你。通过应用我们接下来提到的方法，你就可以识别在你焦虑的背后是否存在这种病态的担忧。同样，你还将学会把自己从那些导致你一次又一次感到焦虑的众多心理陷阱中解救出来。如此，你便可以重新让自己冷静下来，找到内心的平静和安宁。

正如我经常跟我的患者所说，对你而言现在正是你应该汗流浃背的时候，但是我会在你身边帮助你进行训练，告诉你该做什么练习、每个阶段我们应该期待从训练中获得什么以及困难通常出现在恢复过程中的什么地方。

那么我们现在可以开始了吗？

进行心理训练以改变焦虑的大脑

我们所有的行为和感受都与大脑活动相关。比如，当我们学习母语时，大脑就在不断发生着变化，因为我们已经为学习我们成长环境中所使用的语言做好了准备。起初，大脑需要建立非常多的联系，因此我们需要一点时间来识别发音、了解字母如何组成单词以及单词的含义。之后，当我们学到一个新单词时，由于大脑的变化仍然是暂时的，几分钟之内我们就会忘掉这个单词。随着不断练习，这些变化就更加持久。最终，我们学会了母语并巩固了说母语和理解母语的能力。为了保持这种能力，我们只需要每天都使用它即可，除非遭受了严重的脑损伤，否则很难失去这种能力。

与学习母语一样，神经系统在危险的情况下也会为感受焦虑和恐惧做好准备，将这些危险的情况视为威胁。若非如此，说不定我们年纪轻轻就会因为过马路的时候不看路被车撞死。一旦具备了某些缘由和条件，正如我们在接下来的章节中所看到的那样，我们就有可能患上焦虑症。在这种情况下，大脑也会发生一些变化，随着时间的推移，这些变化会变得更加持久，因为我们一直在强化这种会导致我们产生病态担忧的"学习过程"。很显然，这种事情在很大程度上会在人没有完全意识到的情况下发生，正如我们生活中所经历的许多学习过程一样。

好消息是我们的大脑在持续地发生变化，不断在现有的神经元之间建立新的联系，甚至产生新的神经元（每天大约产生5000~10000个神经元）。神经元是神经系统中的细胞，促使我们感受情绪、心怀担忧、做出决策、特别关注某些事情，让我们意识到大脑中发生了什么变化，催促我们逃离或走开。新的神经元与现有的神经元建立联系，以便我们面对每天的需求和目标。如果我记住了一座城市的地图，大脑中与视觉和空间记忆相关的区域就会出现新的神经元；如果我练习减少担忧和焦虑的技巧，与平静和安宁相关的脑区活动就会得到加强。为此，我们每天进行合理的训练即可。

为了给你新的神经元（当然，还有你现有的神经元）指明正确的方向，我将在下面的章节教给你我推荐给慢性焦虑患者的主要练习方法，其中有些练习意在让你明白当你感到焦虑或担忧时，你的大脑发生了什么变化。还有一些练习会让你从某种角度理解你的想法，以及你对这种想法的看法（虽然这听起来有点奇怪）。我希望这些做法能帮助你尝试用其他方式面对那些情绪障碍。最后，你还会找到那些能够帮助你获得安宁并消除病态担忧的方法。也就是说，你将学会在没必要感到焦虑或恐惧的时候恢复冷静，并在没有面临真正危险的情况下保持镇定与平静。

基于科学（和其他方面）的建议

我提出的练习与想法是建立在最近关于焦虑症治疗方法的科学研究以及练习某些冥想技巧时大脑中发生的变化之上的。不过，接下来我向你展示的内容都来自我的个人和专业经验。

在过去的 25 年中，我对许多遭受焦虑困扰的患者进行了治疗，并亲自验证了哪些理论和练习方法最有助于患者克服情绪问题。毫无疑问，这样的临床经验为你在接下来的章节所看到的内容提供了支持。

另一方面，在这种经验的基础上还增加了我自 2010 年以来积累的个人经验，正是从这一年起，我开始每天练习冥想。观察思想能够让我们认识到许多与其运转过程相关的微妙细节，尽管这对我们的情绪稳定非常重要，但我们在日常生活的琐碎中很难注意到这些细节。这种经验也为你在后文中所看到的冥想练习指导提供了支持。

最终，我深信在练习得当的情况下，冥想具有帮助我们了解内心世界并摆脱痛苦的作用。于是，自 2015 年起，我开始在针对焦虑和压力的小组治疗中系统地教授这种方法，每年大约治疗 100 名患者。很快我便发现，尽管接受了同样的冥想指导，患者的反应还是大不相同。这迫使我根据每个人的情绪状态和个人特点，为他们寻找适合的方法。这种向患者教授冥想方法的经历也为本书的内容提供了支持。标准的冥想指导可能并不适用于每一个焦虑症患者，甚至可能会造成伤害。

或许你想知道为什么我如此强调练习和教授冥想的经验。答案很简单。如果慢性焦虑很大程度上是在没有现实基础的情况下，因倾向于关注短期或长期内可能出现的问题而产生的，那么通常在刚开始的时候将注意力转移到当下（冥想中很重要的一部分，我接下来会解释）是非常有帮助的。但也不仅仅是这样。大多数情况下，我们并没有参与到使自己将焦虑转化为问题的心理过程中。因此，练习冥想能够帮助你认识到你的内心世界都发生了什么事情，以及你如何不由自主地滋长了焦虑的情绪。正确应用这些技巧能够帮助你平静下来并培养积极的情绪，促使你更好地理解自己内心世界中发生的事情。当你想摆脱慢性焦虑时，这样的做法会对你非常有用。

由于找到一位合适的老师来学习冥想是非常重要的，我想在这里公开表达我的感谢，能够受教于很好的老师让我感到非常幸运。其中对我来说最重要的老师是中国西藏的一位僧侣，他与其他经验丰富的冥想者参与了美国威斯康星大学威斯曼脑成像和行为学实验室（Waisman Laboratory for Brain Imaging and Behavior）进行的科学研究。

这位老师是一位在佛教心理学方面受过广泛训练的冥想大师，多年来，他在知名大师的指导下进行了冥想的强化练习。他从小就对西方的科学和心理学非常感兴趣，这也让我和他本人以及他的教育经历产生了非常紧密的联系。然而，除了他极具感染力的笑容，他敏锐的幽默感和教学方法也都绝对能吸引你，鼓励着你将他所教授的东西付诸实践。

尽管有许多证据都表明那些冥想技巧有让人镇定和平静下来的作用,但我并不想用后文中与它们相关的科学成果让你感到无聊。我只会告诉你,伊丽莎白·布莱克本使用了那些冥想技巧并十分推荐它们[1]。她接受了另一位藏传冥想大师的教导。那么这位布莱克本女士是谁呢?她是一位几乎包揽所有医学大奖的科学家,包括诺贝尔奖。

如果你想了解更多证明冥想作用及其对身心影响的科学研究,我想向你推荐一本很有趣的书,这本书由戈尔曼和戴维森两位博士所著,讲述了冥想的益处。[2]

在我考虑本书重点以及我所建议的练习方法时,阿德里安·韦尔斯针对焦虑症的元认知疗法也为我提供了支持。韦尔斯博士是一名临床心理学家,也是英国曼彻斯特大学临床与实验精神病理学的教授。韦尔斯认为焦虑问题的出现和持续存在归因于当我们感到焦虑时如何处理我们内心的想法。他的元认知疗法让我们认识并改变了对自己想法的看法以及处理这些想法的方式(这种治疗方法因此得名)。这种治疗方法的功效已经在严谨的科学研究中得到了证实,比慢性焦虑的标准疗法更

---

[1] 伊丽莎白·布莱克本,伊莉莎·艾波. 端粒效应 [M]. 巴塞罗那:阿吉拉尔,2017

[2] 丹尼尔·戈尔曼,理查德·戴维森. 平静的心,专注的大脑 [M]. Kairós 出版社,2017

为有效。[1]

在我看来，这种疗法与我近年来对焦虑症及其治疗所逐渐形成的观点有很多共同之处。在我领导的焦虑症小组治疗中，我逐渐认识到了我们所说的"剔除蛋清"的重要性。在小组治疗中，我提出了一个我们都觉得很好用的比喻：如果生活带给你的问题导致了痛苦，那么一个煎蛋就代表了你不适感的总和。这种不适感（煎蛋）包括了非常不同的两部分：一部分是不可避免的（蛋黄），另一部分则是由你自己的想法而产生的（蛋清）。正如我经常对患者所说，你除了把蛋黄吃掉外别无选择。蛋黄代表了你无法改变且让你痛苦的事情。而你有选择不吃蛋清的权利，蛋清代表着当我们感到难受时问自己的无数个问题，比如："为什么是我？我不配。要是发生了……（这样或那样我无法控制的事情）该怎么办？"以及许多试图抑制、阻碍或改变我们想法或情绪的心理活动。所谓的元认知策略通常会增强那些人们试图减轻的情绪。

正如我所说，阿德里安·韦尔斯的研究帮助我延伸了我一直以来的猜想。其中的好处是，这种治疗模式具有强大的科学支持，这一点总是能让我们这些专业人士感到安心。无论如何，猜想都是非常个人化的东西，并不总是可信的。

---

[1] Nordahl, H. M, Borkovec, T. D, Hagen, R, Kennair, L, Hjemdal, O, Solem, S, Wells, A. 成人广泛性焦虑症的元认知疗法与认知行为疗法. 英国精神病学杂志：开放获取期刊 [J].

虽然我认为让你知道本书中由我提出的那些建议所依据的内容非常重要，但我并不想在这一部分赘述。因此，我在本书末尾详细列出了与冥想、心理治疗，尤其是与元认知疗法相关的参考资料，我在接下来的章节中所提到的观点和练习方法都以此为基础。

消除慢性焦虑的计划

如果我们想摆脱慢性焦虑，最好先明白什么是焦虑、它与恐惧的关系以及这种情绪的各种表达方式。人们常说，如果你想解决某个问题，首先要确认问题是什么。因此，我们将在第二章中明确焦虑的定义并研究"正常的"焦虑和焦虑症之间的区别；还会进一步探讨病态担忧的话题，因为它在慢性焦虑中非常重要。

第三章将探索焦虑症的原因以及它如何转变成了一种如此令人失能的障碍。了解患者如何到达今天的地步并将会为患者指明回归正常的道路。

一旦你开始了解引发痛苦的想法，你就能在第四章深入研究你的个人情况，以便你选取角度进行观察。通过一些问题和问卷，你可以反思一下自己的思考方式，以及在没有完全意识到的情况下，你通常会陷入哪些陷阱。我们还会回顾一些慢性焦虑症患者所使用的典型解决方法，这些方法不但没有改善他们的情况，反而使他们的情况更糟糕了。我们将整合所有的信息来结束本章内容，以帮助你在消除慢性焦虑这条极其个人化的道路上找到自己的位置。

在第五章、第六章和第七章中，我们会全心投入一项循序渐进的训练计划的核心内容，强化心理能力与情绪管理的能力，它们能帮助你以更具建设性的方式面对焦虑。我们还会指出那些通常会使焦虑长期存在的态度和行为，以便你能够逐渐摆脱它们。

你在这本书中看到的所有练习方法都被我应用在了我的患者身上，包括在个人治疗和小组治疗中。我已经尽量囊括了所有必要的信息以便你能够安全地进行练习，但我还是需要你的配合。这些练习的呈现顺序并不是随机的，所以我把它们分为了初级水平（第五章）、中级水平（第六章）和高级水平（第七章）三个部分。按照这个顺序和建议的练习时长（最短时长）进行练习是非常重要的。

关注你在训练期间的每一刻做出的反应也非常重要。当我训练我的患者使用这些技巧时，他们经常以为自己做对了，但实际上他们忽略了一些重要的细节。另一方面，这些细节通常对最后获得满意的结果起着决定性作用。因此在整本书中我都一直强调这一点的重要性。

我们如何开始实践

为了开启通往内心安宁与平静的道路，我向你建议三种实际的练习方法：情绪日记、有意识的肌肉放松以及像老人一样散步。第一种方法是让你观察内心的想法以便你能够切身且直接地逐渐意识到你的焦虑是如何产生的。第二种方法是练习放松和缓解紧张情绪的一个简单技巧。像老人一样散步是另一种更为简单的技巧，能够帮助你改变担忧的节奏并释放紧张的情绪。

情绪日记

任何情绪的出现都需要具备一系列的原因和条件。通过这项练习，你可以学会在感到焦虑时识别它们。为了帮助你观察自己的想法，请在你感觉不适的时候回答这些问题：

- **场景**。在你感到难受之前，你正和谁在哪里做什么？发生了什么事情？
- **想法**。事情发生后，你脑海中出现了什么想法或画面？你当时在担心什么？你觉得可能会发生什么糟糕的事情吗？你在评判自己还是评判他人？你是否回想起了过去的某个错误？你目前在担心什么？你如何看待自己脑海中的各种想法？你认为可能有危险存在吗？
- **情绪**。你是否感到焦虑、恐惧、紧张、悲伤、愤怒、内疚？请试着写下你感受到的情绪以及随之出现的生理感受。在那一刻，你是否因为某些生理感受（比如胸部或头部的压迫感、心跳加快）而感到害怕？如果这些感受吓到了你，当你意识到这些感受时，你在想什么？这些感受使你感到担心吗？除此之外，你是否想象过让你感觉更糟的事情？

这项练习能够帮助你更好地了解当你感到焦虑时都发生了什么事情，以及你需要做出什么改变来让自己感觉更好（借助我们在下文提到的其他技巧和练习方法）。尽快在情绪日记中记录下这些内容是非常有趣的。

有时候，我的患者告诉我，他们感觉太糟糕了以至于根本无法写字。如果你也出现了这样的情况，我只能请求你还是把这些内容都记录下来，哪怕你感觉很难受。主动完成这样的活动能够使你的大脑不得不激活其他脑区，从而起到缓解痛苦情绪的附带作用。在你意识到脑海中堆积的危险想法后，这些情绪也有可能得到增强，这是正常现象。不过，正如我常说的那样，如果你想感觉更好，首先需要清楚地明白真正让你感到痛苦的是什么。有时候，事情并不像它们看起来那样。

然而，如果你发现，当你每次试图完成这项练习时，总是感到不知所措，或者过了一段时间后，你发现进行这项练习仍然让你感到十分痛苦，那么或许你最好还是去寻求帮助。专业的心理医生能够帮助你以更加可控的方式来探索这些情绪。

有些患者觉得以录音的方式记录他们的情绪日记更舒服，你可以试试这种替代方法。虽然手写记录有更容易回顾问题场景的优点，但以录音的方式记录下你的反馈能够捕捉到你说出内心想法时的语气，尤其能够让你在选取某个角度进行观察后，意识到自己有多容易因为一些实际上并不是那么悲惨的事情而感到痛苦。

有意识的肌肉放松

焦虑状态产生的紧张情绪可能会转化为肌肉紧张，导致头部、颈部或背部疼痛，这种紧张也可能表现为失眠、疲惫、易怒和其他身体症状。注意身体的变化，关注肌肉在紧张和放松状态下的区别，或许就可以缓解这种紧张感。

要练习这种放松的技巧，请你先找一个安静的地方并告诉别人20分钟或30分钟内不要打扰你。你可以坐在椅子上或躺在床上进行练习，穿上舒适的衣服并将手机关机。以下是躺着练习的步骤：

1. 让我们把注意力放到身体上来。接下来，我们将收紧和放松不同的肌肉群。然而，这并不仅仅是一种身体练习，重要的是意识到我们逐渐收紧的每个区域、收紧肌肉后所引发的感觉，以及当我们放松时，这些感觉如何变化。在练习过程中，你可能会走神。一旦你发现自己在想其他事情，先暂停一下，然后再将注意力重新连接到我们正在收紧或放松肌肉群的感觉上来。如果这种情况多次出现，你也不要担心，这是正常的，随着练习次数的增加，会慢慢好起来的。

2. 请握紧右拳并感受肌肉收紧的感觉（或许整个手臂都有这样的感觉）。4～5秒钟后，放松拳头并注意放松后产生的感觉（15秒或20秒就够了）。

3. 再次握紧右拳几秒钟，直到你再次感受到肌肉收紧的感觉（握拳不必太用力），然后再松开拳头以感受肌肉放松的感觉。

4. 接下来，连续两次收紧再放松以下每组肌肉群并注意放松的感觉：

（1）左拳和左臂。

（2）右腿，从臀部到脚（就像你想用脚尖推动什么东西一样）。

（3）左腿，和右腿类似。

（4）背部（稍微弓起背以感受背部肌肉收紧的感觉）。

（5）腹部（就像你想用腹肌绷开裤子皮带上的纽扣一样）。

（6）双肩向前（将双肩抬离垫子）。

（7）双肩向后（双肩向后推，压紧垫子）。

（8）颈部（头向后仰，靠在垫子上）。

（9）面部（闭紧眼睛，下颌和舌头向上颚的方向压）

（10）额头（挑眉）。

5. 在你经历了收紧全身肌肉、感受肌肉紧张的感觉，然后放松肌肉并注意放松的感觉后，试着找找全身是否还有紧张的部分。如果你发现还有紧张的地方，就再重复几次收紧然后放松那里肌肉的过程。

6. 接下来，请将你的注意力转移到腹部。注意空气如何通过吸气和呼气的过程进入和离开你的身体。不要用力呼吸。你只需注意空气如何进入和离开你的身体，当空气进入或离开身体时，知道它进入或离开的事实即可。如果你发现自己的注意力转移到了其他事情上，请你在意识到自己走神的时候立刻把注意力转回到练习上。发生这种情况是正常的，所以你必须有耐心，一次又一次地把注意力转回到练习上，对自己的思想和身体保持友善的态度和耐心。

7. 大约5分钟过后，激活你的注意力并将你的身体当作一个整体来感受。注意每次空气进入和离开身体时你是如何呼吸并再次重复这个过程的。观察重力如何将你的身体吸引向床，感受身体的重量和温度。花几分钟时间以这样的方式观察自己的身体。

8. 最后，保持1~2分钟此刻的状态，觉察此时此地发生的事情，不要走神，但也不要专注于任何具体的事情、感受或想法，只专注于当下。如果你脑海中出现了任何想法，不要担心，就让它停留在你的脑海中，但不要被这种想法左右。不要陷入其中，也不要试图将这种想法从脑海中驱除。就保持这种类似在远处观云的状态。尽量别分心，继续专注于当下并将自己保持这种放松的状态。

当你做了几天这样的放松练习并感到适度放松时，尝试对这项练习做一些改动，取消放松前收紧肌肉的环节。你只需专注于你想放松的那块肌肉，让它松弛下来，放松肌肉并注意由此引发的身体感受。这样一来，只要允许放松的感觉出现，就能感到放松，我们还可以将这种放松的感觉应用于让我们感到紧张的生活场景。当你练习观察自己是否专注于当下，即注意自己何时分神时，你就是在进行正念练习，正如你将在后文中所见，这种专注将为你在与慢性焦虑的斗争中提供很大的帮助。

像老人一样散步

如果你没有行动不便，那么每天散步对健康是有很多好处的。除了对身体有好处之外，每天步行至少 30 分钟也是一种让我们摆脱常规情绪的好办法。为什么我把这项练习称为"像老人一样散步"呢？因为我提议的这项练习不仅仅包括走路，而是带着特定的态度走路。与散步期间保持合适的态度相比，我们走了多少千米并不重要。

只要有安全保障，你可以在足够大的公园或花园中散步，将自己与城市的繁忙隔绝开来（如果你住得离大自然很近，这对你来说会更容易）。当你像老人一样散步时，就把所有担忧和待办事项都抛在脑后。给自己设一个 15 分钟的闹钟，然后就别再看表了。当闹钟响起时，你只需再步行回到原点，完成 30 分钟的散步就可以了。

当你散步时，让你的身体来设定行走的节奏。与在这 30 分钟内专注于步行并全身心感受相比，走了多远并不重要。在这段时间里，你要将一切和自然不相关的事情都抛在脑后。如果可以的话，请将手机关机或静音。当然，这时候也不宜听音乐或广播，也不要使用社交软件。请你出去散步并将注意力集中在你此时此刻正在做的事情上，一步一步来。注意你身体的感觉、迈出的每一步、你周围的声音，以及旁边树木的颜色、形状和气味……想象自己是第一次来到这个地方并打开你所有的感官。如果你发现自己的思绪又回到了那些忧虑和待办事项上，就以友善的态度将你的注意力重新引导回当下的感受上，即你的所见、所听、所闻，以及与周围环境的接触上。

这项练习的重要性很难用语言表达清楚。请不要认为这项练习过于简单，不值得付诸实践。如果你想散步30分钟以上，那就太棒了。你只需要记住，不可以强迫自己在像老人一样散步这项练习上花费时间。你应该在内心深处为这项任务保持一种良好的、为你自己着想的心态。这项练习并不是要求你非得做什么，而只是让你时时刻刻保持与自然的联系。

ANSIEDAD
CRÓNICA

第二章
从焦虑到慢性焦虑

有时候，焦虑会伴随我们几天或几周的时间，这是很正常的事情。而当我们的焦虑持续了数月或数年之久时，我们就有可能患上了焦虑症。在这种情况下，我们所谈论的可能就是一种不正常的焦虑。但是，焦虑究竟是什么？焦虑何时算"正常"，何时又不正常？"焦虑症"是什么？当我们谈到"慢性焦虑"时，具体指的是什么？

我们先从第一个问题开始。焦虑是一种激动、不安和紧张的状态，在这种状态下，我们预测可能会有不好的事情发生，并认为我们必须做些什么来避免坏事发生。处于焦虑状态时，我们仍未看到具体的危险，但是感觉危险即将来临（有时候我们的直觉并未成真，不过我们还是把这个问题留到以后再讨论）。

在日常生活中的某些场景下感到焦虑（或恐惧）是正常的，比如：当我们在街上遇到一个长相凶恶的陌生人时；当我们超速行驶时突然看到一辆警车；当医生看到我们的血检报告时露出不好的神色；当我们被领导叫到办公室"谈话"的时候……

在特定场景中感到的是焦虑还是恐惧主要取决于危险的明

显程度：如果不能清楚地确定不安状态的触发因素，我们就会说自己感到焦虑；反之，我们会感到恐惧。在之前的例子中（在一条黑暗的小巷中遇到了一个长相凶恶的人），如果没有看到任何紧迫的危险，我们最初会感到焦虑。如果我们发现这个人带着一把刀，焦虑的状态就会转变为恐惧。然而，如果你擅长自卫且你成功处理过许多类似的情况，那么即使感到了恐惧，你对这种情况的反应可能也会与我大不相同（准确来说）。

无论如何，在这些情况下感到焦虑（或恐惧）的好处是能够促使我们在必要的时候采取行动，比如，和陌生人保持安全距离、降低车速或要求医生解释我们的身体状况。

因此我们可以说，焦虑和恐惧都是能够帮助我们生存的健康情绪。拥有感到焦虑的能力就好比拥有一个可以照顾我们的保姆，她能够持续地觉察可能存在的威胁并警告我们，避免我们遭受伤害或遇到困难。如果我们从未感受到焦虑，生命或许会很快结束，因为我们无法察觉到这个世界上真正的危险。

然而，如同所有监控系统都有可能出现纰漏一样，在焦虑的情况下，最典型的纰漏就是错误警报。也就是说，实际上真正的危险并不存在，但是我们确实感觉有危险。无论如何，如果监控系统的目的是保护我们免遭危险，这样的"错误"总好过相反的情况，即没有察觉到真正的威胁并被消灭掉。另一方面，那些威胁也有可能是真实存在的，而且我们也感受到了焦虑，但正如我在《从焦虑中学习》(*Aprender de La Ansiedad*)这本书中所解释的一样，我们并不能清楚地确认威胁来自哪里。在这两种情况下，我们都有可能患上焦虑症，以至于焦虑不再能使生活更轻松，反倒变成了一个问题，使我们受限并造成了不必要的痛苦。

随着时间的推移，如果情况依旧没有改变且焦虑持续给我们带来许多问题，那么我们将要谈论的就是慢性焦虑或慢性化的焦虑了。一般而言，如果半年后我们在下文中谈到的某些条件已被满足，那么我们所面对的就是慢性焦虑了。如果焦虑症患者对常规治疗反应不佳，或者我们一直没能找到有效的解决方法，那么我们所应对的也是慢性焦虑的问题。不过，我们还是分步来说这个问题。

逐渐消除焦虑

我们在焦虑的核心发现了一种察觉威胁的监测状态，这种状态就是焦虑的主要症状，不过这并不是唯一的症状。我们警惕起来后，担忧就出现了。在这种情况下，担忧就是努力"猜测"可能发生的事情，以及如果事情发生，我们将如何应对它。当威胁出现时，当然要对它们进行"处理"，但是"提前"对它们进行处理的做法（担忧）可能是一把双刃剑。一方面，预测有可能构成危险的事情是有好处的，对于这一点，我没什么可反对的。但是，如果这种担忧进入一种循环模式，威胁就会被放大，我们就会忽视实际面临的危险。

在表 1 中，我们可以看到在焦虑或恐惧状态下可能出现的认知症状。首先，我们会对日常事务产生过度且无法控制的担忧，会害怕可能发生的事情（任何让我们感到恐惧的事），害怕自己没有能力应对。奇怪的是，这件事情到目前为止还没有发生（也没有理由发生），而且如果事情最后发生了，我们也不知道自己是否真的像现在想象的一样无法应对。在这种情况下，对所有意外的生动想象让我们很难将所有想象中的东西抛在脑后，更加难以平静下来，只在问题出现的时候处理它们。当马克·吐温说"我这一生中担忧过许多事情，而其中大部分事情从未发生过"时，或许他就一直遭受着这种类型的焦虑。[1]

表 1. 认知症状

- 过度和难以控制的担忧
- 害怕无力面对某种情况
- 害怕失控
- 害怕失去理智
- 害怕受伤或死亡
- 害怕遭受他人非议

---

[1] https://www.goodreads.com/quotes/201777-i-ve-had-a-lot-of-worries-in-my-life-most

（续表）

- 可怕的想法或画面
- 创伤性记忆
- 不真实感（对自己或环境）
- 注意力不集中、困惑、分心、记忆力差
- 难以理性思考，丧失客观性

（改编自克拉克和贝克，2016）

过度且难以控制的担忧会导致我们进入一种极度不安的精神状态。在某些情况下，我们甚至会觉得所有这种来自内部的不安感都可能会造成伤害，从而引发对失去理智或控制的恐惧，尤其是当我们开始感受到可怕的"奇怪"感觉（比如，不真实感、快要晕倒的感觉）时。这些感受通常是由相同的紧张状态所引发的。

通常，慢性焦虑还伴有难以集中注意力、感到困惑或分心的症状。这会导致记忆力下降，尤其是记不住那些和我们当下的日常生活相关的事情。比如，我把钥匙或其他什么东西放在哪里了？我现在来厨房是要干什么来着？我在菜里放盐了吗？等等。这些都是与难以关注当下相关的疏忽。在高度紧张的状态下，我们很难理性地思考并会丧失客观看待事物的能力，尤其是当我们被恐惧支配的时候。

如果焦虑与社交场合相关，害怕别人对我们的看法会一直让我们感到不适。当你必须在公共场合面对陌生人、有魅力的人或有权威的人（比如老师、警察等）讲话时，这种情况就很常见。如果社交场合比较日常，社交焦虑就不会持续很长时间，也不会影响我们的能力。如果担忧总是围绕着别人对自己的看法，尤其是不好的看法，焦虑就很容易被触发。

焦虑也可能表现为我们认为可怕和奇怪的想法（或画面）。比如，脑海中可能会无缘无故出现以下想法：伤害某位亲朋好友、认为自己可能会感染艾滋病、自己没锁好门、没关好天然气阀门，或是没有拔掉熨斗插头等等。有时候，令我们感到害怕的是与自己或亲朋好友所经历的困难相关的记忆，比如，我们遭遇车祸的经历或在一个安静的晚上散步时被抢劫的经历。

一旦我们判定某种情况属于危险情况并警惕起来，我们的身体也会像一名优秀的士兵一样进入警戒状态：心跳和呼吸会加快、感到肾上腺素传遍全身、肌肉会紧张起来，会发抖、出汗、想去卫生间，还会感到口干、难以入睡、迫切想要逃离，等等。（见表2）

这些焦虑的身体症状是物种数千年进化历史的见证。它们与在危险情况下对威胁做出反应的迫切需要相关，这些反应基本上包括搏斗、逃跑、静止不动或晕倒装死。几千年前，这些危险来自捕食者，我们的祖先就是以这样的方式对危险做出反应的。我猜那些反应过于冷静的人最终都落入了狮子口中，也没有留下后代。

表 2. 身体症状

- 心动过速
- 心悸
- 呼吸急促
- 胸口疼痛或有压迫感
- 窒息感
- 大量出汗
- 发热
- 寒战
- 脸红
- 恶心
- 腹部不适
- 腹泻
- 口干
- 抽搐、发抖
- 手臂或腿部刺痛或麻木
- 虚弱
- 不稳定的感觉
- 头晕目眩
- 肌肉紧张、僵硬

（改编自克拉克和贝克，2016）

以上都是我们身体"标配"的反应，是我们受到威胁时的自然反应。然而，在许多情况下，这些身体症状变成了我们可能身处危险的信号。因此我们所关注的是自己心跳太快了、脸太红了，或是感觉马上就要晕倒了，这样的担忧可能会进入一种循环，放大所遭受的焦虑。

随着焦虑状态出现得越来越频繁，某些身体症状可能会引发头部、颈部或背部的疼痛，以及消化问题等。事实上，我们与家庭医生进行的大部分有关身体症状的咨询都与压力和焦虑有关。

与上文提到的认知症状和身体症状一样，在焦虑和恐惧状态中也可能会出现行为症状（见表3）。如果我察觉到了危险，且我的身体已经准备好对此做出反应，那么逃离构成威胁的环境当然就是其中一种可能出现的反应。如果我提前知道了危险的情况，那么我想避免这种情况也是可以理解的。如果某种情况令我害怕，但是它本身并不具危险性时，避免它就可能会使我患上焦虑症。这些行为本质上表达了一种寻求安全和庇护的基本需求，正如我们天性胆小的祖先一样，我们作为他们的后代也有这样的需求。

当你必须面对真正的危险时，你需要更多的氧气以便奔跑、搏斗并保护自己的安全。问题在于，当你没有消耗额外的氧气时，你就会呼吸过度，开始有不真实感，觉得头晕或有马上要晕倒的感觉。如果这种感觉令你感到害怕，你就会立刻担心这种感觉再度出现或对你造成危险。随着时间的推移，如果焦虑状态频繁出现，加上人对呼吸过度很敏感，甚至都没有必要以明显反常的方式呼吸，只要每分钟多吸几口气，几个小时后，你就会察觉到头晕、不稳定或不真实的感觉。如果这种感觉令你感到害怕，那么你就接收到了一个完美的信号，让你越来越担忧并关注自己的身体状况，这种担忧和关注超出了正常的限度，就可能会导致焦虑问题。

表 3. 行为症状

- 逃离或避免对我们来说具有威胁性的情况
- 寻求安全与平静
- 呼吸过度
- 保持静止或全身无力
- 不安、激动、走来走去
- 不停用手指敲击桌面
- 紧张地摸头发
- 说话困难

（改编自克拉克和贝克，2016）

人类从动物世界中继承的另一种典型反应就是保持不动。这种反应可能与有些捕食者只能看清运动的猎物有关。表 3 中出现的其他症状与可能由焦虑和恐惧引发的肌肉高度紧张有直接关系。

具备了以上这些症状——认知症状、身体症状和行为症状，我们只需给自己贴上相应的标签就能结束焦虑和恐惧的情绪：你可能会认为"我很焦躁"，感觉自己"紧张"或"不安"；你也可能会觉得"我很害怕"，感到恐惧；你还可能会觉得自己"脾气暴躁"，所有事情都让你恼火；你也有可能感到不耐烦或沮丧。

随着焦虑变成了你生活中的一个问题，你就更容易把这种状态归到"焦虑"这个标签下，只要注意到了焦虑的一些早期症状，就会引发一种连锁反应："不要再发生这种事了！我已经厌倦了焦虑。我讨厌这样！我什么时候才能好起来？我受不了了！"从这一刻开始，如果你不采取行动改变方向，你就已经踏上了通往慢性焦虑的道路。

正常焦虑，病理性焦虑

在上文中，我们已经看到了焦虑和恐惧的主要症状。原则上来说，所有这些症状都有可能出现在恐惧是正常表现的情况下。在这种情况下，恐惧只是一种完全正常的反应。

当我们在表面上并不危险或不具有威胁性的情况下感到焦虑或恐惧时，或是当引发恐惧的情况和我们的反应不相称时，以及当我们比周围大多数人都更加焦虑（或担忧）时，问题就出现了。在这些情况下，我们可能正在遭受那些心理医生所说的焦虑症。

接下来，我将简要回顾一下那些可能由这种情绪引发的不同类型的焦虑症，尤其要强调一下担忧循环。这种机制应该可以解释我们如何将一种健康的焦虑状态变成一种障碍。

广泛性焦虑症。这种疾病的主要特征是对日常生活中的许多事情过度担忧的倾向，感觉失去了对担忧的控制。我们担心工作或学习上的事情，担心家人和朋友。仿佛我们拥有一个始终处于活跃状态的雷达，时刻监测着任何可能出现的问题，无论这个问题有多么微小。那些以"如果"开头的问题是我们最喜欢问的："如果我的车在去机场的路上出了故障使我错过了航班怎么办？""如果我吃坏了肚子没办法考试该怎么办？""如果我儿子出了车祸该怎么办？"等等。就好像我们认为所有事情都可能出问题，而我们必须为面对这些问题做好准备。但我们没有意识到为所有可能出问题的事情做好准备是不可能的，除此之外，大多数令我们感到害怕的事情都不会（不一定）发生。由于担忧在这里扮演了重要的角色，它本身也可能成为另一件需要担忧的事情，以防我们因此失控或受到身体或心理上的伤害。

焦虑性适应障碍。生活中的重大变化——开始新工作、失业、结婚、离婚、生孩子、搬家、照顾生病的家人、退休、住院或长期患病等等，都可能成为某种压力来源，引发焦虑、抑郁或混合性焦虑抑郁状态（同时具有焦虑症状和抑郁症状）。我们把这些变化视为威胁，就会触发那些恐惧的生理反应：心动过速、肌肉紧张、警戒状态（可能导致失眠）等等。如果这种令我们感到压力的情况持续了很久，那么患上另一种心理障碍的风险就会增加。①

恐慌症和广场恐惧症。它的特点是在没有明显原因的情况下遭受焦虑危机。在遭受危机时，患者会感到极度恐惧，因为患者认为自己马上就会死去（比如因心梗、中风或窒息而死），或者处于精神失常或失控的边缘。患者还有可能害怕晕倒。广场恐惧症患者最终会避开许多场景（比如乘车出行、在大商场购物、乘坐电梯、过桥、坐在牙科诊所或理发店的椅子上等）。一般而言，我们判断广场恐惧症的依据是一个人面对焦虑危机时害怕对当下的情况失去控制且伴有逃离的需求。②

疑病症和对生理感受的恐惧。在这种情况下，尽管医生已经排除了令我们感到痛苦的疾病，对健康的担忧才是痛苦的重点。

---

① 在我名为《向生活敞开心扉》（*Abrirse A La Vida*）的这本书中，我提出了一个完整的方案来应对高度压力的情况。我在 2010 至 2015 年开展了这个方案，并从那时起逐渐将这种方案应用于每年进行的几次小组治疗中，取得了良好的效果。
② 我在我其他的书中提出了针对恐慌症和广场恐惧症患者的治疗方案［比如《克服焦虑危机》（中国友谊出版公司）］，这些治疗方案很好地补充了我在下面的章节中提出的治疗方法。

这种警戒状态使我们非常在意那些生理感受和我们可能遭受的症状（比如头疼、肠道不适等）。这些感受通常会被人以灾难性的方式解读，就好像它们是医生所忽略的某种重大疾病的证据。面对这种疑虑，我们会强迫性地去看许多医生，要求医生拿出比诊断所需的证据更多的证明。

尽管疑病症目前被归为另一部分，它与焦虑症的关系还是显而易见的。事实上，我见过的许多恐慌症患者都有明显的疑病症症状。他们对于生理感受的担忧，以及认为医生没有察觉到他们得了重病（比如心脏病）的想法恰好使他们更倾向于被诊断为患有疑病症。

强迫症。很明显，强迫症的特点就是出现强迫观念和强迫行为。强迫观念是不由自主地出现在我们脑海中的想法、画面或冲动。通常我们认为这些都是荒谬的想法或冲动，但是还没到失去理智的地步。正是因为强迫观念的侵入性特征，它们确实会让人感到痛苦并会激活忧虑循环，经常促使人们做出或实现一些自愿的行为或想法，以此来抵消那些强迫观念并缓解痛苦。这些自愿的行为就是强迫行为，只能暂时缓解焦虑。一般而言，这些行为会加重伴随强迫观念出现的不安感和疑虑，使它们的出现更为频繁和持久。

强迫观念和强迫行为是变化多端的，不过以下是最常见的几种执念：

　　1. 对脏物和污染的担忧。比如，无害的电磁波、处理得当的化学品等。

2. 感染疾病。 比如，癌症（尽管癌症并不具传染性）或传染性疾病，即使已经采取了适当且充分的预防措施。

3. 强迫性疑虑和不安全感。 反复检查天然气开关、门锁、电器开关、银行账户等。

4. 暴力与伤害。 毫无疑问，这是我在咨询中经常遇到的问题：害怕因失控而伤害亲朋好友或自己（比如，从阳台上跳下去、谋杀或殴打别人）。这些强迫观念通常是人们极度痛苦的原因。

5. 令人厌恶的性行为。 当患者的强迫观念包含令他们感到厌恶或下流的性行为时，他们往往就会难以忍受。

6. 与宗教和道德相关的执念。 在没有宗教信仰的情况下完成宗教仪式或祈祷，仅仅是为了避免感到焦虑。

7. 其他执念。 比如对顺序、对称性、准确性、习惯和数字的强迫性担忧。事实上，强迫性观念的范围非常广泛，在每个患者身上都有许多细微的差别，以至于我写了一整本书来讨论这个问题，但仍旧还有许多内容没有研究透彻。[1]

---

[1] 在我名为《克服强迫症》（中国友谊出版公司）的这本书中，你可以获取到许多应对这类症状的补充信息与技巧。

创伤后应激障碍。患者遭受或目睹了可怕的创伤性事件（比如一场车祸、性侵犯或残暴的殴打场面），就会出现这种障碍，之后他们会频繁做噩梦，相关记忆也会在白天不由自主地反复重现，使他们带着巨大的痛苦回想这些创伤性事件。任何以直接或间接的方式让人回想起创伤的事情往往都会引发强烈的焦虑状态（比如讲述遭遇事故的经过、路过让人回想起自己被侵犯的街道、烧灼肉类的气味）。一个常见的特点是，当我们认为他人应该为发生的悲剧（比如抢劫、强奸、虐待）负责时，这种障碍通常要比自然灾害（比如地震、洪水等）带来的后果更加严重。

遭受这种障碍困扰的患者试图消除任何与之前悲惨经历相关的记忆。尽量不去思考或谈论这件事，避免任何让自己回想起创伤性事件的活动、人物或场景。患者最后可能会感到情绪麻木，与他人疏远，对生活中美好事物的兴趣和愉悦感减退，难以感受到亲密和温柔，性欲消退。患者还可能会认为自己的生活已经失去了意义。如果我们不了解以上不适症状的创伤性根源，这种抑郁的情绪可能导致患者被误诊为抑郁症，从而使患者接受不合适的治疗。

患有创伤后应激障碍的人在日常生活中经常感到焦虑和担忧，还可能会出现其他各种各样的症状，比如对周围环境高度警惕、身体持续保持高度活跃的状态、失眠、总是做噩梦、惊恐、易怒或难以集中注意力。①

社交焦虑（社交恐惧症）。这种障碍的主要特点是对某些社交场合的极度恐惧，这种恐惧常常使我们担心自己是否不得不面对这些情况，以及能做些什么来避免这些情况，或者在避无可避的情况下，不要让别人注意到我们的糟糕状态。这种担忧可能伴随着被放大的恐惧。需要注意的是，许多社交场合起初都会引发一定程度的焦虑，但是随着我们渐渐熟悉情况，这样的焦虑通常会减轻。而在社交焦虑症中，焦虑不会随着时间推移而减轻，反而会加重，使我们回避那些令我们害怕的社交场合（或者通过饮酒或服药来应对）。

特定恐惧症。这些都是不合理且格外严重的恐惧情绪，可能出现在许多不同的情况中。正如其他焦虑障碍一样，对我们可能被迫面临可怕情况或环境的担忧或许起了重要的触发作用。心理学家通常将这些恐惧症分为以下 5 种类型：

> 1. **动物类**：害怕某些无害的动物，尽管有时候这些动物可能会令人厌恶（比如鸽子、狗、猫、蟑螂、无害的蜘蛛、老鼠）。

---

① 如果你认为自己遭受了或可能正在遭受创伤后压力，建议你寻求专业心理医生的帮助。具体来说，如果没有经验丰富的专业人士支持，进行下文所介绍的冥想技巧和练习可能是不明智的。如果没有在合格且谨慎的专业人士监督下暴露于创伤性记忆，可能会加重因创伤后压力而形成的障碍。

2. **环境类**：在不危险的情况下对暴风雨、高处、大风等感到恐惧。

3. **血液—注射—伤害类**：过于害怕血液、接受外科手术、注射或遭受一般的伤害。

4. **场景类**：比如对飞行、乘坐电梯或封闭空间（幽闭恐惧症）感到恐惧。当某些属于这种类型的恐惧症一起出现时（比如幽闭恐惧症和害怕飞行），就可能有广场恐惧症和恐慌症这种潜在的恐惧症，我们在上文描述过这种情况。这种区别非常重要，因为依据诊断，特定恐惧症和广场恐惧症的心理治疗有很大差异。

5. **其他类型**：任何其他类型的恐惧，比如可能引发窒息、呕吐或患上某种疾病的情况。焦虑与疾病之间的关系有些复杂，因为我们在疾病恐惧症、恐慌症、疑病症和强迫症的这些例子中都能找到二者的踪迹。

无尽的担忧

在见识了这些焦虑的不同表现形式后，我们可以在这些不同的障碍中找到许多共同点。另一方面，在不同的情况下感受到相同的情绪也没什么可大惊小怪的。

然而，我还是想强调一个非常重要的共同点：所有焦虑的根源都是担忧。如果你正在经历生活中的艰难时刻，那些已经发生的变化（或你认为可能发生的变化）都是担忧的源头。你可能不知道具体将会发生什么，但是你预测不是什么好事。失业、突然离婚、遭受慢性疾病的困扰……这些都是会让你感到不安的情况。处于这样的不安中，你会认为自己将要遭受不希望经历的后果，尽管这些事情不一定会发生，它们肯定也会成为焦虑的根源。

如果你患有广泛性焦虑症，那么对几乎任何事情的持续担忧都将是痛苦的常见来源。在这种情况下，担忧的机制已经训练有素，即便没有在生活中遇到大问题，你也能感受到焦虑。任何事情都有可能触发一个以"如果"开头的问题，然后便一发不可收拾。你的想象力超越了任何合乎逻辑的理性思考，认为自己似乎需要思考并好好考虑可能发生的事情，以及你如何能为此做好万全准备。有时候，由于想得太多，你可能会因为自己内心的不安而感到恐惧。

在经历过一场意外的焦虑危机后，我们很容易从此过于担忧。因为焦虑危机都十分令人不快，我们迫切需要这些危机不再反复出现。由于在这些危机中，我们通常认为自己可能会精神失常或立刻死亡，可能会开始执着于观察自己。每一次心跳、每一种异常的感觉、每一次胸口的轻微疼痛……这一切都变成了可能预示悲剧即将来临的症状（人们也很容易忘记，这种紧张状态正是产生这些被自己视为危险的感受的主要原因）。

在其他情况下，没有必要因为过于担忧健康问题而经历一场焦虑危机。我们所注意到的任何一种身体症状，无论对其他人来说多么微小或无关紧要，对我们来说都很重要，会让我们立刻联想到最坏的结果：即使不是绝症，也是某种严重或限制性的疾病。这样的我们可能被称为疑病症患者，但是我们的感觉如此真实，以至于似乎无法避免焦虑和担忧。

在恐惧症中，最突出的体验是恐惧，担忧也扮演着重要的角色。接触令我们感到害怕的事物时（开放或封闭的空间、社交场合、动物、外科手术等），恐惧就会被触发，但是当我们没有处于这些情境时，由于担忧机制的存在，也很容易出现预期焦虑。如果……我必须离开怎么办？如果……我必须在会议上发言怎么办？如果……医生说我必须去验血怎么办？目前我还没有处于可怕的境地，但是每种"如果"的假设就好像紧张状态的"加热器"，让我们将害怕的情境视为一种威胁。或许我们不得不面对这样的情况，或许我们也可以逃避。要是可怕的情况发生了，"如果"的假设可能还会火上浇油："如果我现在遭遇了危机，但没人能够帮助我该怎么办？""如果我满脸通红并出糗了该怎么办？""如果事情并不顺利，我下不了手术台该怎么办？"

与恐惧症一样，在强迫症中，恐惧也扮演着重要的角色。当我面对某种"困难"的情况时（比如，接触某种脏东西、和癌症患者握手、怀疑自己是否关好了天然气阀门或房门），根据我所想象的后果，我或多或少会进入一种恐慌的状态。但是，如果我没有处于会引发我强迫性恐惧的情境，担忧和预期性焦虑就会发挥它们在恐惧症中相似的作用，即成为警戒状态的"加热器"：

"如果……我必须和对方握手该怎么办？""如果……（任何能够引发我强迫观念的事情）该怎么办？"

除此之外，在强迫症中，"敌人"也有可能在"内部"。比如，当我因为拥有令我感到厌恶的想法（与性或其他事情有关）或与我的价值观完全相悖的想法（伤害亲朋好友）而感到不适的时候。在这些情况下，我脑海中自动浮现的画面或想法与我希望它们不存在的愿望之间就可能会产生一场巨大的冲突。与此同时，担忧几乎也会出现："为什么我会想到这些事情？如果我有这样的想法，我就是个恶毒的人、一个精神病、一个疯子……吗？"然而，正是因为我们并不恶毒，不是精神病患者或疯子，这些强迫观念才会造成巨大的痛苦，我们对脑海中所有违背自身意愿的想法的担忧又在这些强迫观念上火上浇油。

最后，在创伤后应激障碍中，我们当然也能看到担忧所起的作用。与恐慌症的情况相似，当遭遇了某种令自己或亲朋好友的公道处于危险之中的事件后（比如，遭遇一场交通事故或受到侵犯），我们很容易担心已经发生的事件所造成的后果，对如何避免它再次发生或其他各种事情产生担忧。根据我们自身经历的严重程度以及它对我们的影响，这种高度警惕和担忧的状态可能会在触发一切的悲惨事件本身所造成的痛楚之上再增添巨大的痛苦。

在全面了解了不同的焦虑障碍后，我们可以看到担忧会出现在各种各样的情况中：我们的生活发生了变化或我们认为可能发生变化；我们遭遇了焦虑危机；我们注意到了那些令我们感到害怕的生理感受；我们脑海中出现了有悖于自身道德或令人不适的想法或画面；我们拥有无法阻止或忘记的痛苦回忆……如果具备了适当的条件，这一切都可能成为担忧的缘由。如果我们认为过度担忧可能会造成伤害，我们甚至会因为自己的过度担忧而担忧。

所有这些过度的担忧本身就是痛苦的来源，除此之外，它们还会导致我们的焦虑问题长期存在。好消息是，这本书的大部分内容都致力于帮助你高效地对抗这样的焦虑。

非洲斑马的秘密

正如我在上文中所说，焦虑是一种预测可能出现威胁时产生的情绪。在这种情况下，我们思考和想象未来的能力出乎意料地很容易成为焦虑的强大来源。

如果我们想象自己是一匹斑马，身上有着美丽的黑白条纹，在大草原上安静地吃草，似乎没什么可让我们担忧的事情。我们只专注于青草和它的味道、空气的气味、周遭的声音、眼中所见的形状和颜色……我们只关注每时每刻产生的感觉，再无其他。我们并不担心是否会有一头狮子出现在草丛中，哪怕我们在生活中经常不得不逃离那些捕食者。我们也不担心明年是否会降下足够的雨水使青草重新生长以便我们食用。

然而，正如任何把自己当回事的斑马一样，如果我们听到了可疑的声音，就会立刻抬起头来。我们的耳朵会竖起来，像雷达一样朝各个方向转动。我们增强了嗅觉并仔细观察周围环境。如果我们怀疑的威胁似乎是真实存在的，肌肉就会立刻紧张起来，我们会赶紧逃跑。为此，呼吸频率要保持快速的节奏，肾上腺素流遍全身的血管，所有的注意力都集中在保护自己的安全上。除此之外我们不考虑其他任何事情。

一旦我们判定危险已经消失，身体就会逐渐恢复平静：呼吸渐渐放缓，心跳回归正常，肌肉也放松下来。当肾上腺素从血管中消失时，我们就回到了危险来临之前的状态。而作为一匹斑马，即我们从斑马的角度来看，我们心中没有一丝担忧。如果危险消失，恐惧也就耗尽了，我们又恢复了平静，生活仍旧像以前一样继续。

我们不会担心狮子休息好后是否还会再来，也不会觉得自己刚刚在死亡的边缘徘徊，不会认为要是我们的幼崽在成长过程中失去我们是件很悲惨的事。我们不会因为有狮子想吃我们就花很多时间去思考这个世界是多么危险和不公平，也不会因为一头狮子想让我们成为它的盘中餐就觉得整个宇宙都在密谋着和我们作对。我们会重新和自己的感官连接起来，专注于当下的感受。仅此而已，生活仍旧像以前一样继续。

总而言之，斑马会应对危险，但是不会担忧危险。当威胁出现时，斑马会做出反应，但是它不会为对抗尚未出现的危险而消耗自己的能量和生命。它活在当下，专注于身体的感觉，而不是活在大脑可能编造的恐怖故事中，其中大部分的恐怖想法从未发生过。

好消息是我们仍然可以保持人类的身份向斑马学习。我们甚至可以像斑马一样不再担忧并活在当下，同时仍然保有更多人性，更善于与高级的感受以及其他生灵建立联系。这样一来，当危险出现时，我们就会为面对它做好准备（即使危险是一头狮子），但重要的是当危险没有出现时，我们可以摆脱焦虑，享受生活的丰富多彩。

另一方面，你可能会想，我们的大脑比斑马的大脑更加复杂，确实如此。因此，在下一章中我们将了解焦虑的想法，从而找到一种能够引导我们将恐惧和焦虑留给适当时机和情况的方法。那么在剩下的时间里——幸运的话，在剩下的大部分时间里——我们就能摆脱焦虑、恐惧和担忧，并自由自在地生活。

我们情况如何？

在上一章末，我提议了3种练习：情绪日记、有意识的肌肉放松和像老人一样散步。你练习的成效如何？你在自己的日程中为它们腾出时间了吗？要记住，我们正在养成一些新习惯，而这需要花费一定的时间，尤其是要有耐心。把这些练习放在心上并为它们腾出时间很重要。为此，你可以在手机日程上设置提醒，或者在你的办公桌或冰箱上贴个便签，写上："你今天进行有意识的放松练习或像老人一样散步了吗？"如果某一天你很难抽出时间进行练习，你也不要自责。你可以根据可支配的时间来调整练习：减少散步时长或选择其中一种练习方法。当你时间充足时，再进行完整的练习。

情绪日记能够激发你的情绪，因为它像是邀请你仔细思考你所担忧的事情。而实际上事实并非如此。记录的行为能够帮助我们了解脑海中的想法，这是非常健康的做法。在下一章中，我们会深入研究那些导致我们产生慢性焦虑的机制。现在，我建议你还是继续有意识地放松身体并像老人一样散步。除此之外，在情绪日记上添加以下问题来帮助你反思当你感觉不适时所发生的事情也是一种不错的方法：

- 现在你脑海中浮现的想法令你感到害怕吗？
- 当下的感受令你感到害怕吗？
- 你是否担心自己感觉难受？
- 你是否因自己的担忧而担忧？
- 你在尝试压抑或阻碍你的情绪吗？
- 你在尝试不去想你正在思考的事情吗？
- 你是否觉得你现在正与自己或自己的感受或想法对抗？
- 你讨厌如此体会自己的感受吗？
- 你是否会因感觉难受而绝望？
- 如果你发现自己内心十分不安，你会觉得自己要失去理智或控制了吗？

如果情绪日记中的许多问题令你茫然失措，请记住你只需在感觉不适的时候思考这些问题。这样做的目的是强迫你在感觉不适时反思或了解自己内心的想法。你不必回答所有问题，回答那些和具体情况相关的问题即可。

这个练习很重要，因为，可以这么说，它能够帮助我们训练心灵的眼睛，使我们明白当我们感到不适时，内心都经历着怎样的变化。如果你想成为自己心理问题的专家，就要观察自己的心理活动。随着不断取得进步，你就可以做到这一点而不被自己的想法和情绪左右。这也是你的生活发生彻底改变的开端，一切都是为了向更好的方向发展。

我的建议来源于临床经验：回避与我们的心理和情绪接触体验，通常最能助长我们的情绪问题。

一切皆可等待

既然已经看到了担忧在焦虑中的作用，或许对你来说，考虑做一做我建议患者进行的练习会很有趣。

由于过度担忧会加剧痛苦，所以通常将担忧延迟到一天中某个特定的时间会有所帮助。这就像一些酒吧的"欢乐时光"：在这1小时中，酒水比平常更便宜。在我们的例子中，我们把它称为"担忧15分"，就是养成习惯，将担忧的行为延迟到事先设定好的15分钟内。比如从下午7点开始，或其他适合你的时间，但是绝对不要设定在睡前两小时内。如果你带着满脑子的忧虑上床睡觉，你肯定知道接下来会发生什么（失眠）。

这个练习的有趣之处在于它证实了这些担忧并不像它们看上

去那样无法掌控。通过练习，你可以在一定程度上从脑海中摆脱这些担忧。你只需告诉自己："稍后我在'担忧 15 分'的时间段内再想这件事。"有时，到了该担忧的时候，这件事可能已经显得没那么紧迫了，或者你已经忘记了这件事。不过没关系，并不是一定要重新拾起所有的担忧。事实上，就让这些忧虑过去才是健康的做法。要记住，斑马会处理问题（在必要的时候），但不会提前担心问题的出现。

ANSIEDAD
CRÓNICA

第三章
了解焦虑的根源

在上一章中，我们可以看到恐惧和焦虑在我们的生存中扮演了重要的角色，这些情绪十分强烈但又没有必要，可能会变成慢性痛苦的根源。正如我们所见，自由的非洲斑马既没有焦虑，也没有压力。当危险出现时，它会感到害怕并逃跑；当它脱离危险时，就继续自己的平静生活。就像这样，它从不担心会发生什么（也不担心危险会再度出现）。如果我们让斑马来写它的情绪日记的话，它或许会写："我已经安全了，这就行了。我不会再回想过去的事情。我现在挺好的。"

接下来，我们将探索人类和其他哺乳动物在恐惧和焦虑方面的一些重要差异，以及这些情绪是如何转化成问题情绪的。如果我们能了解这些机制，就更容易摆脱慢性焦虑。

拯救我们生命的恐惧

健康的恐惧是一种必要的情绪。我们人类和大多数动物都能以各种各样的方式感受到恐惧，而我们只需视某种情况为紧迫的威胁就能感受到恐惧。按理说，我们天生就能察觉潜在的危险，因为只有这样，我们才有幸存的可能。

因此，恐惧是判定某种具体的情况为危险的结果：

情况（A）→ 迫在眉睫的危险（B）→ 恐惧（C）

让我们再通过斑马在草原吃草的例子来看这个序列。如果斑马听到了异响，它就会警觉起来并表现出一定程度的紧张。如果它判定这是一种危险的情况，就会逃跑以保证自己的安全。在这种情况下，A 就是斑马所处的情况（吃草的时候听到某种声音）；B 就是它对威胁的判断（这种声音类似狮子暗中接近的声音）；C 就是被触发的恐惧，就像通常为了让自己远离危险而发出的信号（如果有可能，能跑多快就跑多快；为此，心跳和呼吸加快，所有肌肉都紧张起来）。

斑马并不能像我们一样思考，但是它能够在这个世界上顺应形势生存下来，并将它的物种延续下去。所以可以这么说，在过去，它的祖先知道如何从捕食者口中和其他对它们构成危险的情况中生存下来。因此，如今的斑马不需要学习狮子的气味、声音或画面是危险即将来临的信号并意味着它们需要快点逃离到安全的地方。它们天生就知道这一点，恐惧保佑着它们。

但是这种刻进基因中的信息不仅仅能保护它们免受狮子的伤害。除了和捕食者相关的信号，斑马对其他声音、气味或画面也会产生恐惧。只要这些声音、气味或画面足够新奇或强烈，它们就会感受到恐惧。某种强烈而陌生的噪声也会让我们例子中的斑马受到惊吓。仿佛"如果你听见了陌生的巨大响动，就立刻逃跑：相较于判断错误并发现情况确实很危险，逃跑总是更好的选择"这样的想法已经刻进基因中了。据我所知，斑马并不会这么想，但它们似乎确实是以这样的方针来采取行动的。

最后，同样重要的是，得益于它们的基因，斑马有能力将某些声音、气味或其他感觉转化为危险即将来临的信号，尽管这些感觉与它们的天敌并没有直接的联系。可以这么说，遗传学是很明智的，它能够让我们学习到对我们生存很重要的东西。因此，举个例子，如果斑马听到了某种中性的声音（也就是说，这种声音没有使它受到惊吓），紧接着又听到了狮子的咆哮声，那么它们迟早会形成学习的行为，只要听见这种中性的声音，斑马就会感受到恐惧并逃跑以保证自己的安全。在这样的情况下，这种中性的声音在斑马的大脑中已经变成了一种具备条件的声音，与狮子的咆哮声一样，具有激发恐惧的作用。

人类应对威胁的方式和斑马一样。可以说，人类的大脑是其他哺乳动物大脑的进化版本。根据人类物种的进化历史，在某些情况下，声音、气味和其他感觉很容易就能触发我们的恐惧。我们是原始人的后代，由于原始人具有在某些情况下感知恐惧的能力，他们成功生存了下来，没有成为其他物种的盘中餐或被消灭。这种感知气味、声音和捕食者的能力使我们的祖先感到恐惧并保护了自己的安全。另一方面，对我们的祖先来说，察觉部落中存在比他们权力等级更高的成员是另一种适应性优势。在部落中的强者面前感到恐惧并表现出顺从在保证自己的安全方面发挥了非凡的作用，尤其是当一个人不具备应对他们的力量或智慧的时候。

　　进化使我们的基因比斑马的基因具有更多可能性，所以我们的学习能力更强。正如那些斑马一样，当我们体验到新奇而强烈的感觉时，我们相对而言更容易受到惊吓，这些感觉越是新奇且强烈，我们就越害怕。比如在电影院看恐怖片时，我们背后突然传来一声尖叫；一个满脸敌意的大个子盯着我们并直冲我们跑来（尤其是当他手里拿着棒球棒像疯子一样大喊大叫的时候）。在这些场景中，人很难不害怕。和斑马一样，我们的动物本能会立刻分析当下的情况，紧急状态的信号被触发。我们不会思考，只感到恐惧，并迫切需要保护自己的安全。我们与其他哺乳动物共有的恐惧回路被激活，相较于支持人类其他高级功能的大脑区域（认知、语言、反射等），恐惧回路要更为原始。

　　正如发生在斑马身上的事情一样，如果我们将某种声音或其他感觉和危险的事物联系在一起，它立刻就变成了象征危险的条件信号，触发了我们内心胆小的斑马。可以这么说，如果某天我们在一条黑暗的街道上被抢劫了，我们很容易就能明白自己不能犯两次同样的错误。太阳下山后，这些街道对我们来说就会很危险，仿佛每个街角都藏着一个抢劫犯。

　　我们和斑马最大的区别在于，我们的学习能力是无限的，无论好坏。因此，我们感受恐惧的能力也强得多。正如我们将在后文中所看到的，我们对未知危险的想象力要远远超过斑马，这也将导致在真正的危险过去后，我们在重归平静生活的过程中会遇到许多问题。

当然，我一直在用斑马作为动物恐惧的例子，它们逃跑的反应也是我认为最有可能出现的反应。但是动物世界（和人类世界）中的恐惧可能会导致其他和逃跑不同的反应。我们如果被迫进入某种危险的境地，就会产生回避这种情况的迫切需求。如果我们处于危险之中且被阻止逃离，我们就可能会做出部署战斗的反应或像雕像一样静止不动。在某些情况下，我们也可能会晕倒。

在动物世界中，所有这些可替代逃跑的反应都具有重要的适应性意义。回避危险有一个明显的好处：与进入困境后再逃离相比，你可以提前保证自己的安全。如果我们无法逃离且捕食者就在面前，那么战斗总比沦为盘中餐要好。如果我们的天敌不吃尸体，或许进化带给我们的好处就是躺在地上装死，直到危险解除。在其他情况下，进化可能会让我们接触到那些只能看到运动物体的动物，那么面对迫在眉睫的危险时，我们像雕像一样静止不动也是一种可能出现的反应，尤其是当我们很难逃离当下的处境时。

所有这些可替代逃跑的反应——回避、战斗、静止不动和装死，都不是其他动物所特有的。我们中的许多人在面对危险时也一样倾向于回避、战斗、静止不动或晕倒。正如我在许多场合中多次重复的那样，人类与其他动物最大的区别在于我们具有将自己投射到未来的高超能力，可以看到未来可能存在的问题。

最后，与我们源自动物本能的恐惧感相关的另一个重要方面是，正是由于我们感受恐惧的能力对保护自己的安全至关重要，我们学会感受恐惧要比停止感受恐惧更容易。所有哺乳动物都能够学会将之前中性的信号视为危险的刺激性信号，这会使其更容易生存下来。这种学习能力是有好处的，因此在自然环境中，即使一些刺激已不再具有危险性，我们可能还是很难消除对它们的恐惧。我们将在下文中看到，焦虑心理中人性化的部分可能会使我们与恐惧的关系进一步复杂化，导致焦虑和焦虑障碍的出现。但是公平地讲，正是我们心中人性化的部分让我们拥有了更多的可能性，使我们能够了解自己如何产生了病态焦虑以及必须采取哪些行动来改变现状。

焦虑，一种非常符合人之常情的情绪

正如我们所见，恐惧是一种在生存中发挥重要作用的情绪。焦虑是一种和恐惧十分相似的情绪，它与恐惧最大的区别在于，触发焦虑的威胁既不紧迫，也不明显。正如恐惧一样，焦虑也充当了保护的角色，因为它能够帮助我们预测尚未发生的危险。如果发生危险，它也能够帮助我们为应对危险做好准备。

与此同时，如果我们感到焦虑的频率与强度超出了情况的要求，那么焦虑也可能成为问题的根源并给我们造成不必要的痛苦。所以，可以这么说，人脑"额外"的能力使我们在许多情况下更容易感受到威胁。我们可以想象明天、下周、下个月或 5 年后可能会发生的不幸事件。我们也能痛苦地记得昨天、上个月、10 年前或脆弱的童年时期所经历的悲惨事件（或大或小）。我们能够将斑马难以理解的事情联系起来，并因此感受到恐惧。多亏了语言，我们能够相互交流，了解千里以外的人所遭受的不幸。我们可能也害怕那些不幸会发生在自己身上。仅仅因为我们的儿子或女儿晚到了一会儿或不接电话，我们会想到在新闻上看到的事情可能发生在他们身上就感到焦虑。从这个意义上来说，焦虑就是一种极其敏感的监控系统，如果我们不关注内心发生的事情，它就可能带来很多麻烦。

从本质上说，我们之前看到的关于恐惧的序列在这里也同样适用，不过我们接下来会看到一些重要的细微差别：

情况（A）→ 对伤害 / 危险的评估（B）→ 焦虑（C）

某种情况的出现能够开启使我们感到焦虑的进程（A）。这一情况中的某些迹象使我们认为自己可能会遭受某种伤害或暴露于某种危险之中（B）。一旦确认了我们对当前情况的评估中包含了风险或威胁，我们就会感到焦虑（C）。让我们通过一个例子来看这个序列："我因为女儿没有接电话而感到焦虑，她一个小时前就应该到家了。她晚归的时候一般都会提前告知的。"在这种情况下，我们得出：

A. 情况：我女儿晚归了，还不接电话。

B. 评估：如果……（她碰上坏事了）怎么办？

C. 情绪：焦虑

如果你做了我在第一章中建议的情绪日记练习，可能你已经记录下了一些情况的例子，在将这些情况视为威胁后，你便因此而感到焦虑。正如我们在上一章中所见，能够引发焦虑的情况是多种多样的，但是感到焦虑的关键并不在于会引发焦虑的情况本身，而在于对这种情况的评估。

我的女儿晚归且不接电话，可能是因为她遭遇了不好的事情，也可能有其他原因，比如：

1. 因为在上课，把手机设置为静音。
2. 老师有事找她帮忙，但她的手机没电了。
3. 她正在给母亲挑选生日礼物，周围环境太嘈杂，所以她没听见手机铃声。
4. 她因为一门考试不及格而感到很难过，想一个人待一会儿，不想跟任何人解释。

很明显，取决于解决问题所耗费的时间，即使天生最冷静的人也会感到痛苦。我的女儿"消失"一小时、一天或一周的情况是不一样的。而评估我的焦虑是否过度或不相称的一种方式则是将我和其他处于类似情况的人进行比较。这么做并不一定能使我更平静，但是如果最后证明了这样的焦虑是不必要的，那么这种做法确实可以让我意识到有必要深入了解自己的大脑是如何"制造"焦虑的。我们在感受到慢性焦虑时，不仅要注意我们如何评估当下的情况，还要注意我们脑海中正在发生的变化以及我们如何将自己与出现在脑海中的想法和画面联系起来。现在继续说我"失踪"了一小时的女儿，如果我放飞自己的想象力，开始回顾那些电视新闻里曾讨论过的失踪女孩案件，我就很容易感到更加焦虑。在这种情况下，感到担忧并不断在脑海中回想这件事再正常不过了，甚至在我所在的城市中寻找那些失踪女孩的信息似乎也有作用，以便到时候我需要报警处理。然而，事实上，我们在那时为减轻痛苦所采取的行动几乎一点作用也没有。恰恰相反，专注于那些可能已经发生的坏事或假设我们还来得及，该如何阻止坏事发生的想法，只会让我们想象中可能出现的威胁越来越多。而且我们应该记住，当我们怀疑有危险时，无论危险是否存在于想象中，焦虑都会被触发。想象中可能出现的威胁越多，我们就越痛苦（而实际上女儿的真实情况并没有丝毫改变）。

我们甚至会完成一次质的飞跃，导致我们的焦虑达到明显病态的地步。当担忧难以控制时，我们的紧张感可能会使我们开始担心自己的状况，以及如果这种不安没有停止，我们会经历什么事情。当大脑一直在想象女儿可能遭遇了什么事情时，持续考虑各种不幸事件而产生的焦虑又会加重原有焦虑。在这种紧张的状态下，我们可能会重新对危险或威胁做出评估："如果我们因为过于担忧而失去理智或精神错乱了该怎么办？"最后，我们也有可能认为，所有这些紧张的情绪会以某种方式损害我们的心脏或身体。无论如何，我们已经知道，对威胁或危险的评估会让我们陷入恐惧或焦虑的状态。我先是因为女儿迟了一个小时还没到家且不接电话而感到担忧，于是我觉得她可能遇上了什么事情，这样的想法让我感到很紧张。我实在是太担心了，以至于现在我觉得自己可能会失去理智，这又加剧了我对精神失常的恐惧。正如我们所见，担忧的循环会自行闭合，而我们所遭受的这种不必要的焦虑是螺旋式的，会带来巨大的痛苦。

显然，这种螺旋式的焦虑并不是偶然出现的，而是由于一系列相互关联的原因和条件而产生的（有时候在几秒钟内就出现了）。想象美丽的日落可以让人感到放松，但是仔细想象一系列可怕的后果会让我们陷入高度焦虑的状态，我们会觉得需要做些什么来应对这种情绪。

如果焦虑长期存在，当某件事令我们担忧时，我们就很容易觉得有必要反复思考这件事，仿佛我们在内心深处相信担忧可以带来一定的好处。或许我们认为衡量所有的选择能够帮助我们在面对不幸时做好充分的准备，但这种乍一看很合理的做法又会产生相反的效果：这么做会使我们感觉更差，不能有效地应对不顺心的事情。我们的生活因为无尽的担忧而停滞不前，而我们却在没有真实根据的情况下为越来越多的焦虑奠定了基础。

我们在这里讨论的是当女儿一个小时都没接电话时，我们应该如何应对这样的情况。我们可以将这种情境延伸到其他许多情况中，因为我们焦虑的心理拥有强大的"工具"，可以在没有真实依据的情况下，将生活中的小事转化为巨大的悲剧。因此，当我注意到身上长了一颗新的痣时，我可能会想"我会不会是得皮肤癌了"，然后就会在网上查找相关信息来给自己下诊断。或者，由于害怕最后发现真的是一颗恶性痣，我索性不去查找信息，而是一直琢磨自己是否患上了癌症或其他疾病。

如果我经历了一场严重的车祸，一段时间后，当我的身体已经完全恢复时，我可能还会一直保持警惕的状态。乘车的行为可能会引发我严重的焦虑，我会觉得自己看到的每个十字路口都十分危险，认为司机都是疯子，每个街角都有潜在的危险。其实，道路并不比我出车祸之前更加危险，但是我的内心已经发生了变化。所有和那条路相关的事物都对我构成了威胁，而实际上它并没有任何变化。我的感官似乎变得更敏锐，现在能看到之前所忽略的危险了。

身体还保有恐惧的感觉是正常的，尤其是当我有过命悬一线的经历时。在这种紧张状态下，我的脑海中可能会浮现和车祸相关的记忆，或者甚至记不起车祸期间或之后发生的重要事件。同样，正如我们之前所见，当这种内心的紧张状态和"异常"现象（自发的痛苦回忆、记忆出现空白、反复出现的噩梦等）相结合时，或许会导致我们认为自己有精神失常的可能。而且，和之前一样，当我们意识到自己脑海中所发生的一切时，就又在对遭受新事故的恐惧之上增添了对精神失常（或永远惶恐不安）的恐惧。此外，在这种情况下，为了让自己感觉好受些，我们很容易保持高度警惕（以免重蹈覆辙，导致我们遭遇事故或其他类似的事情）。我们也会觉得有必要把这些不愉快的记忆从脑海中清除，并努力恢复那些令我们十分痛苦的记忆空白。矛盾的是，所有这些为了"控制"局面并保持理智所付出的努力，恰恰会将我们遭遇事故后所感受到的正常的不适转化为一种焦虑问题。如果我为了克服创伤，坚持在错误的方向付出努力，那么这种焦虑问题就可能会长期存在。

　　如果我们患有强迫症，那么我们又会发现一些加剧焦虑的机制，它们与我们之前见到过的机制很相似。例如，有位患者曾告诉我，有时候，当她看着自己的伴侣时，她会毫无来由地怀疑对方是否是自己"完美"的另一半。这样的想法出现时，她就感到非常痛苦。她知道自己和伴侣在一起时感觉很好，也和对方一起制订了未来的计划。但是，有时她又会陷入彻底的恐慌。她看着另一半时会突然觉得对方很丑或一点魅力也没有。事实上，大部分时候她都不会这么看待对方；但是当这样的念头出现时，一切似乎都崩溃了。所以她觉得有必要悄悄反复观察对方，以证明对方是否真的像她想象的那样丑陋或粗俗。然后她会一遍又一遍地反复验证，直到情况失去控制。在她对男友一通抱怨后，两人最终在房间的角落各自哭了起来。她自己之前也经历过类似的情况：有时候，她看向镜子时，会突然感觉自己很丑。一般情况下，她都会觉得自己是个挺有魅力的姑娘，但是在那样的恐慌中，她所有的自尊都被摧毁了，她需要向自己的母亲寻求帮助以平息这种想法带给她的焦虑。我的患者很快就明白了问题并不在于她眼睛所看到的东西，而在于她有多重视脑海中闪过的想法和念头。在这种情况下，她越是努力不去思考自己的想法，就越难感到放松，也越难正确地看待这一切。没有人今天是一个好的结婚对象，而在他或我们自己没有发生任何改变的情况下，明天就不是了。但是，我们将自己与这些浮现在脑海中的想法和事件联系起来的方式，对我们日益增长的焦虑以及摆脱这些想法和由这些想法引发的病态焦虑十分关键。

正如我们所见，焦虑是一种非常符合人之常情的情绪。我们在日常生活中的许多情况下都会感受到焦虑，这是很正常的；除此之外，它还会帮助我们为应对挑战做好更充分的准备。然而，当焦虑长期存在时，我们通常会发现增加了一种非但无法缓解焦虑反而会加剧焦虑的处理方式。我们每个人在某个时刻都会或多或少以灾难性的思维看待某件事情。如果我们丧失了判断力并陷入了这些想法，或者试图阻止这些想法以克服焦虑，最有可能出现的结果就是我们将一种暂时的焦虑状态变成一个问题。如果我们没有意识到以这样的方式解决焦虑问题会使事情变得更糟，那我们处理焦虑的方式就会使焦虑变成一种心理障碍。

接下来我们将扩充一些与焦虑心理的运转模式相关的知识，目的在于慢慢把每件事都放在合适的位置来制订计划，以健康且具有建设性的方式应对焦虑。

制造痛苦的心理

在上文中，我提出了一种理解焦虑和恐惧的基本模型，即 ABC 序列（情况 – 评估/解读 – 情绪）。你可能也猜到了，我们的思想很复杂，所以我们还可以在这个序列中增添许多细节。

我们会深入探讨一些有趣的细节来了解慢性焦虑，但不会详尽地介绍每个方面。如果你愿意的话，可以看看标题为"慢性焦虑工厂"的图示。

慢性焦虑工厂

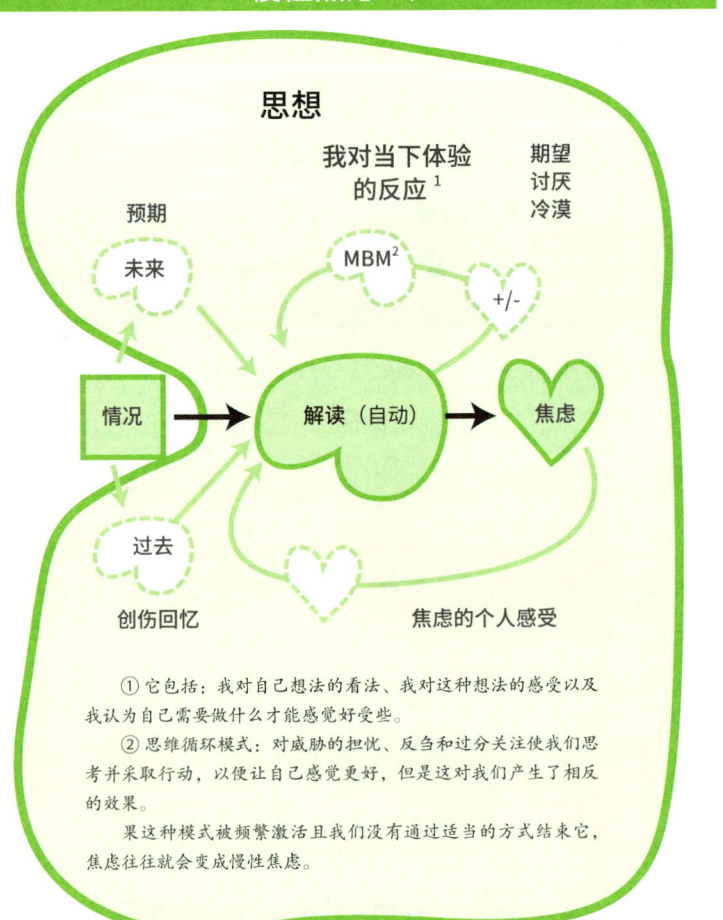

思想

我对当下体验的反应[1]

期望
讨厌
冷漠

预期
未来

MBM[2]

+/-

情况 → 解读（自动）→ 焦虑

过去

创伤回忆　　　　焦虑的个人感受

① 它包括：我对自己想法的看法、我对这种想法的感受以及我认为自己需要做什么才能感觉好受些。
② 思维循环模式：对威胁的担忧、反刍和过分关注使我们思考并采取行动，以便让自己感觉更好，但是这对我们产生了相反的效果。
　　如果这种模式被频繁激活且我们没有通过适当的方式结束它，焦虑往往就会变成慢性焦虑。

改编自莫雷诺，P. (2016)

我在图中展示的模型是我在《向生活敞开心扉》一书中提出的模型经修改和补充的改良版。这个模型让我们了解了这些情绪是如何产生并转化为问题的，例如，这个模型可以让人了解悲伤、抑郁或愤怒的情绪，但是在这里，我将把它应用于慢性焦虑的特定案例。

乍一看，这幅图可能会让人想起吞噬细胞的图解，吞噬细胞是免疫系统中吞噬有害细菌的细胞之一。这么一看，情况会被代表思想的灰色污痕"吞噬"。在某种程度上，我们并没有走错方向。对于任何令我感到焦虑的事，如果没有一种思想能够赋予它意义，真正的"情况"又算什么呢？我并不想深入思考这件事。如果一棵树在森林中倒下时周围没人能听见响动，这声音又算什么呢？或许树倒下时的振动会通过空气和地面传播，但是不会有人想"哦，那棵漂亮的树倒下了，可真是遗憾"，也不会有人觉得"太吓人了！我差点被树砸到！我现在还活着就是个奇迹"。我这么说是想告诉你，我们生活中的每一种情况不一定都是完全客观的，不是每个人都以同样的方式看待它们。思想每时每刻都从来源于内部和外部的信息中构建现实。不过，我们可以分部分来解释这一点。

如图所示，在适当的条件下，每个箭头都代表着一种使我们感到焦虑的原因。那些黑色的箭头代表 ABC 序列。也就是说，某种特定的情况被视为威胁，而这种评估（或解读）使我们感到焦虑，正如我们在上文中所看到的那样。那些灰色箭头代表着焦虑可能出现或加剧的新途径。在大多数情况下，这些途径乍一看并不明显。我将这些新途径命名为：① 记忆途径；② 预测途径；③ 生理感受途径；④ 对当下体验的反应途径。下面我们分别了解一下每条途径。

记忆途径。或许我正安静地坐在沙发上看电视，突然，某件事情让我想起了之前经历的一次袭击。这足以让我的大脑自动以扭曲的视角看待之前的经历、我的不当反应，或者他人不体贴的态度等等。只要我以痛苦的角度回忆这件事情，我就一定会感到痛苦。因此，令人不适的情况或事件的记忆会触发我们的情绪反应，就像我们在当下亲身体验时会产生情绪一样。

预测途径。可能当我正安静地坐在沙发上时，我会突然想起我的儿子明天就要出门旅行了。他非常向往这次旅行，但是我开始思考可能会发生的糟糕事情，比如：他没能准时到达机场，他下飞机后丢了护照，别人偷走了他的行李和钱包，他被新闻中曾报道过的一群扒手抢劫了，一个手持步枪的美国疯子在枪战中杀死了他……我儿子目前还没走，但是我的思绪已经开始了一段漫长的旅程，经历了不必要的痛苦。

生理感受途径。有时候，只要注意到了某种被我们视为威胁的生理感受，我们就可能感到恐惧或焦虑。例如，某位患者一天中的大部分时间都在担忧自己的健康。有时候，他注意到自己颈部有些僵硬，于是他便感到十分焦虑。颈部僵硬和其他症状可能出现在脑膜炎这种危险的传染性疾病中。尽管他自己就是一名护士，而且他除了颈部僵硬外并没有其他症状，他还是因为怀疑自己在医院被疾病感染而十分苦恼。他总是花很多时间强迫性地反复测量自己的体温，因为他无法忍受自己患上脑膜炎的想法。

在这条通往痛苦的道路上，当循环效应出现时，事情就会变得复杂，也就是说，令我们受到惊吓的生理感受正是由上述情绪引发的时候，就会产生一种连锁反应（与后文我们将要了解的途径建立联系后）。常见的例子是一个人在积极或消极的激动情绪（比如看到你最喜欢的球队进球了或和家人吵架）中遭遇焦虑危机。这种情况下的紧张情绪会引发正常的生理反应（比如心跳加快），然后你会突然感到焦虑、不安和紧张。你或许会想："如果我焦虑发作了该怎么办？现在我可能承受不了。"突然，你注意到自己心跳剧烈，感到很害怕。对心动过速的恐惧会使心跳更快，所以一个闭合的循环就形成了，从而导致焦虑危机，这是一种极度恐惧的反应（非常难受，但是完全无害）。

对当下体验的反应途径。我们的一部分意识一直在关注我们当下的体验是愉快的、难受的还是中性的。根据我们的天性，我们基本的倾向是寻找快乐并回避令人不快的事情。如果当下的时光是愉快的，我就希望它永远不会结束；如果这样的愿望很强烈，我之后就会更加痛苦，因为一切迟早会结束。如果当下的时光是不愉快的，那么人本能的倾向就是逃离当下所处的环境。如果我们认为有不愉快的事情会发生，或许会尽一切可能回避这样的情况，以免度过不愉快的时光。如果回避不适的需求非常迫切，痛苦就会大大加深；在许多情况下，情绪上的不适并不能立刻避免，我们只能等待这种激烈的情绪消退。忽视包含糟糕情况在内的一切都会过去的事实是使我们的痛苦长期存在的常见方式。这一点在焦虑的情况中毋庸置疑。

当这种思维循环模式被激活时，一些态度和信念同样也开始发挥作用，让我们控制自己的心理体验以便让自己感觉好受些，但是效果会适得其反。当我们察觉到了威胁并进入思维循环的模式时，一个疯狂的程序就启动了，它会反复检查所有可能预示威胁的迹象，目的是预防任何可以想象到的危险。这种对威胁的疯狂搜索不仅没有让我们平静下来，反而使我们更加紧张。你应该能猜到，我查看的每种威胁都代表着又一个ABC序列：我先是想象一种危险的情况，认为它是有可能发生的，然后我的焦虑就增加了。事情还没有发生，但是预测途径已被激活，对情绪造成了影响。随着我一个接一个地查看想象中的危险，那些ABC序列也被逐条激活并不断增加，这使我陷入痛苦之中。在这种情况下，我需要采取行动来应对这样的混乱和不适。如果我处于这种思维循环的模式中，我可能会认为自己失去了理智（或者将要失去理智），觉得自己身处危险或可能受到伤害。因此，我会积极地查看更多可能存在的危险并采取措施来阻止灾难发生。但是，正如我们所见——现在我们已经冷静下来并可以清晰地思考——这种查看更多危险情况的策略会在原来的基础上增加更多的ABC序列，从而使危险和焦虑的感觉更严重。如果不采取行动结束这一切，我们就会陷入一个"自给自足"的循环中。

就在昨天，一位患者告诉我，几个月前，当他正准备公务员考试的时候，有人打电话邀请他入职一家公司，而他拒绝了。几周后，他开始反复怀疑自己拒绝那份工作的做法是否正确。他脑海中出现了许多他应当接受那份工作的理由，他还开始反复思考可能出现的问题："如果我没有通过考试该怎么办？""如果我之后找不到其他工作了该怎么办？""如果父母生我的气该怎么办……"他陷入了思维循环的模式：一种担忧导致另一种担忧，这种担忧又使他对另一件事产生担忧，如此循环往复。面对内心的不安，他开始担心这是否意味着危险，自己是否会因此精神错乱，或者这是否会以某种方式对他的身体造成损害。他的情绪过于紧张，以至于他出现了高血压的症状。尽管医生将这归因于他的情绪状况，他还是强烈怀疑自己的"神经"可能受到了损害。更糟糕的是，同样由于情绪紧张，他头上的一块区域开始脱发。当我在咨询室见到他时，那片头发已经长出来了，但是头上另一块区域的头发已经掉光了。他秃顶的区域比一枚50美分的硬币面积还要大。压力通常是此类脱发的触发因素。对于一个30岁的小伙子来说，这可以说是一场飞来横祸，因为对他来说，这确实证明了他内心的不安可能是具有危险性的，会让他头发掉光。

所以，以下便是他思维循环模式的组成部分：

1. 倾向于过度关注可能出现的威胁（尽管出现的可能性很小）。 他总是在思考自己因为拒绝了那份工作而在未来可能遇到的所有问题。他只能想象可能会出现的麻烦。

2. 相信自己的想法所代表的含义（无论它是否被视为是不可控的、危险的，或者有害的）。 他认为自己正在失去理智，失去理智便意味着危险，甚至会对他的身体造成伤害。

3. 坚信自己应该做些什么才能使感觉好受些，而事实上这只会让他的情绪状态更糟糕。 他认为担忧能够帮助自己缓解正在遭受的情绪，而实际上这非但不能减轻他的负担，反而让他更痛苦了。

正如我们所见，当这种思维模式被激活时，正常和暂时的情绪很容易（所有情绪都是如此）转化成一种问题情绪。这是正常的焦虑状态转变为焦虑问题时我们脑海中所发生的事情。我们在当下的反应会通过这种方式产生非常不利的影响。如果你视自己的焦虑和想法为自己出问题或失控的信号，你就很容易用类似"我怎么了？""为什么我不能马上好起来？"这样的问题来惩罚自己。这样处理情绪和想法的方式往往会导致你最不希望看到的结果：你的焦虑变成了慢性焦虑，尽管你付出了巨大的努力，似乎仍无法得到缓解。讽刺的是，那些你为了改善自己的状态而付出的努力恰恰会使你的情况更加糟糕。

在经历了这些产生焦虑的途径后，值得注意的是，我们的大脑是通过两种路径处理与威胁相关的信息的，两种路径一快一慢。快速的（或自动的）路径涉及我们大脑中远离意识体验的区域（例如杏仁核），它的功能是快速察觉威胁并让身体做好迅速反应的准备（例如加快心跳和呼吸频率，绷紧肌肉以便需要逃跑或战斗等）。慢速的（或受控的）路径涉及大脑中最接近意识体验的区域（例如大脑皮层），它的功能是二次验证威胁，在没有必要的情况下解除警戒状态。①

这些处理信息的不同路径是一种进化优势，因为这种优势能让我们在还没有完全意识到所面临的威胁时迅速做出反应。然而，当快速的路径过于活跃时，这也可能变成问题（这种情况通常发生在焦虑症患者身上）。一方面，我们更容易进入这种思维循环的模式，从而增加了将这种暂时的恐惧状态转化为焦虑问题的风险。另一方面，在没有完全意识到威胁的情况下，我们会专注于身体对恐惧的反应，将它视为我们身体出问题的信号（在恐慌症患者中非常典型）。

举个例子来看这两种行动路径。一天晚上，我正戴着耳机一边听音乐一边遛狗，突然，我感觉胃部收缩了一下，于是我吓坏了。在那一瞬间，我感到非常害怕，但是我不知道恐惧从何而来。集中注意力后，我可以听到音乐中夹杂着狗吠声。我关掉音乐，环顾四周，果然看到了一只黑色的大狗在黑暗中凶猛地吠

---

① 约瑟夫·勒杜克斯. 焦虑：利用大脑来理解并应对恐惧和焦虑（*Anxious. Using the brain to understand and treat fear and anxiety*）[M]. 纽约：企鹅出版社，2005

叫。我之前在那条路上被流浪狗吓到过。而当看到那只大狗位于栅栏后时，恐惧很快就消失了，我安全了。

这个例子很有趣，因为它违背了我们刚刚看到的痛苦路径的逻辑，这种恐惧似乎是没有来由的。显然，这个例子中没有能被我们视为危险的情境，可尽管如此，恐惧依然存在。然而在两种处理信息的路径中，都有评估威胁的环节。在快速的路径中，评估较为笼统和仓促，并不是很明智。这种评估是自动进行的：如果这种情况和我们大脑中与威胁相关的记忆大致"相符"，我们就会提高警惕，所有防御系统都会被激活；如果不相符，我们永远也不会意识到这种情况已经被评估过并被归到了"不构成威胁"一类。比如，如果看到某个黑乎乎、多毛且有八条腿的东西在缓慢移动，我们就会以为那是一只蜘蛛，从而受到惊吓。可我们目前尚不清楚那是否是一只毒蜘蛛、它是否会咬我们、我们是否安全。快速的路径使我们警惕起来，让我们为保护自己或逃离危险做好准备。

在慢速路径中，处理信息的过程有着本质的区别。我们掌握了更多和所谓的威胁相关的细节，再加上逻辑思维的帮助，我们可以更理性地决定如何处理这种情况。如果上述例子中的快速路径警告我们蜘蛛可能会咬人，那么慢速的路径则可以让我们评估这只蜘蛛到底是真的还是塑料的，它是否会向我们释放毒液，或者玻璃容器是否可以阻止它这么做，等等。通过慢速路径对信息进行分析并得出不存在危险的结论后，这一结论就到了快速路径的控制中心，警报解除，逐渐恢复平静。

正如我们所见，这两种路径相互配合完成工作。快速路径负责加速防御反应；慢速路径则负责踩刹车。当我们努力让思绪恢复平静时，就意味着我们正在练习以更现实的方式评估所谓的威胁，更有效地"踩刹车"并更轻松地恢复平静。同时，这种保持镇定的能力也可以使快速路径的活跃性更容易恢复到我们出现焦虑问题之前的水平。我们将要进行的冥想练习会对这一恢复平静的任务大有帮助。

最后，在回顾了痛苦产生的方式和处理威胁的途径后，值得我们记住的是，每个人背后都背负着不同的经历，影响着我们的思想产生焦虑的方式。

一方面，这些经历包含我们近期的状况，即我们的现状以及每天需要应对的矛盾和问题。比如我们是否在工作、学习或家庭生活中遇到一些困难；我们是否没休息好、是否没有空闲时间；我们是否正遭受着慢性疾病的困扰；我们是否出现了影响情绪的身体状况（比如短期疾病、例假等）。在生活充满压力的情况下，我们的大脑在面对一些无足轻重的情况时就更容易进入威胁模式。事实上，这种紧张的情绪会更容易激活我们在上文中看到的快速路径。激活快速路径的后果就是我们觉得一切都很危险，很难保持思维清晰，也很难阻止焦虑的侵袭。

另一方面，我们每个人都背负着自己生活中的经历。也就是说，这些经历是由自我们出生起所建立的人际关系和经历的重大事件在脑海中建立的联系交织而成的。因此，我们的思想作为一系列原因和条件的温床，通过上文所述的机制产生了焦虑。这些原因和条件包括：

- 我们将自己与生活中的重要人物联系起来的方式。
- 我们对世界、他人和自己所形成的看法。
- 我们过去应对困难的方式以及从中学到的东西。
- 倾向于以"我们自己的方式"解读事件，认为这是唯一合理的解读方式（解释偏差）。
- 倾向于关注某些事情而非其他事情（注意力偏差）。
- 倾向于记住某些事件而不是其他事件（记忆偏差）。
- 个人观念和价值。
- 重要目标和目的。
- 占主导地位的心理功能模式（比如自我保护模式）。
- 生存和繁衍的原始计划。

正如我在开头所说，我们内心世界的想法都在争相解读我们的经历，慢性焦虑工厂的图示就像那些吞噬细菌的细胞一样，这没什么可奇怪的。我们大脑中的方方面面都在通过操纵"现实"来赋予它意义，以至于很难讨论造成不适的客观原因。最终，所有一切都取决于我们在每时每刻如何构建现实，以及如何处理内心具有威胁性的想法和情绪。很多时候，我们并没有完全意识到内心世界中真正发生的事情。

不管怎样，无论我们身上的"负担"有多重，改变的关键是在当下带着好奇心观察自己的内心世界，善待自己和这一开放与发现的过程。有时候，扭转导致我们感到痛苦的思想倾向相对而言要更容易一些，每个参与这一内部转变过程的人都有能力实现这个目标。

化学物质与慢性焦虑

如果我们的身体表现出了焦虑，那么化学物质可能以促进或抑制的方式在这种情绪中发挥作用就不足为奇了。

咖啡因就是一种可能引起类似焦虑状态的物质，它是咖啡、茶、可可、"能量"饮料以及瓜拉那泡林藤提取物中含有的一种兴奋剂。每个人对咖啡因的敏感度不同，所以它并不会对每个人产生相同的影响。然而，如果你患有焦虑症或有睡眠问题，最好从现在开始减少或放弃摄入这种物质。

不过，值得一提的是，尽管茶含有咖啡因，它也有减轻焦虑和安神的作用。茶中含有的 L- 茶氨酸似乎能够引发类似通过冥想而获得的精神状态，但是当茶被我们的身体代谢掉后，这种效果也就自然而然消失了。[1] 从这个意义上来说，练习冥想有利于训练大脑获得平静，最终，这种做法会发挥其作用。如果你想喝茶，要记住绿茶含有的咖啡因更少，对健康大有好处。[2]

---

[1] Nobre, A. C., Anling. R. 和 Gail, N. O. (2008). L- 茶氨酸，茶中含有的一种天然成分以及它对精神状态的影响. Asia Pac J Clin Nutr, 17 (S1): 167-168

[2] 一个建议：使用优质茶并把茶叶在 70 摄氏度的泉水中浸泡 3～4 分钟。这么做可以保留它有益的成分，茶水也不会有没泡好的典型苦味。

继续说回可能引发焦虑状态的物质，这些物质存在于一些药物中，有些相对常用（比如抗哮喘药物），有些不太常用（比如免疫抑制剂以及化疗中使用的一些药物）。如果你服用了某种药物并受到了焦虑的困扰，请向你的医生咨询这是否为药物的副作用。有些用于治疗焦虑症的抗抑郁药物通常在治疗开始时会引发紧张情绪，但是这种症状在之后会减轻或消失。

其他可能引发焦虑的化学物质是用于消遣或回避现实而服用的药物（比如大麻、可卡因、安非他命），这些物质可能会引发焦虑危机。然而，在这种情况下，焦虑可能是服用这种药物所导致的最不严重的后果了。毕竟，无论焦虑有多令人难受，它其实并不危险。可是，这类物质可能对大脑造成严重的损害。

两大类缓解焦虑的常用药物是：抗焦虑药物和抗抑郁药物。我们常见的抗焦虑药物有地西泮、阿普唑仑、去甲西泮、溴西泮和劳拉西泮。在许多情况下，这些物质能够有效缓解焦虑症状（一般在一小时之内起效），但是它们的长期功效还存有很大争议，患者产生依赖的风险也确实很高。尽管长期服用这类药物，慢性焦虑症的患者仍然无法摆脱这种疾病，这样的现象相对来说很常见。

另一方面，我们还有抗抑郁药物，许多药物都属于这一类型。针对焦虑最常用的抗抑郁药物是选择性 5- 羟色胺再摄取抑制剂（选择性血清素再摄取抑制剂）。根据最近发布的 NICE

①指南，这类药物被认为是比抗焦虑药物更好的选择，尽管从中期和长期来看，有些药物可能很难戒掉。

因此，我个人确实认为对于慢性焦虑而言，心理治疗是最值得推荐的疗法。如果患者的情绪状态有使用药物治疗的需要，那么在一定时间内将心理治疗和药物治疗相结合也是完全合理的。然而，相反的策略基本上从来都算不上是一种好办法，也就是说，仅通过服药来治疗慢性焦虑而不与心理治疗相结合不是一个好主意。这么做的结果通常是需要长期服药。

虽然我对慢性焦虑的药物治疗持保留意见，但重要的是，如果你已经在服用药物，就不要在没有向医生咨询的情况下停药，因为你有可能因此遭受一些负面作用的影响（有些负面作用可能具有危险性）。

与人体化学相关的另一种可能影响焦虑状态的因素是女性在月经周期的激素水平波动。有时候，我会要求我的患者记录下自己每天的焦虑程度，以观察它是否会随着月经周期而变化。在记录了几个完整的周期后，二者之间的关系得到了验证，我们便发现了一个有趣的事实，正如上文所述，导致我们产生焦虑的过程受到了一种纯粹的生物学因素的影响。

如果你想实行我给患者的指导建议，你只需记录下自己经期的日期以及你平均每天的焦虑程度即可（比如，根据你的紧张程

---

①（英国）国家健康与临床卓越研究所（2019）. 成人抗抑郁治疗 .http://pathways.nice.org.uk/pathways/depression，2019 年 9 月 25 日更新。

度从 0 到 10 打分）。3 个周期后，你可以制作一张图表，横轴是周期的天数，纵轴是每天的焦虑程度（从 0 到 10）。比如，在图表中增添几个周期并给这几个周期涂上不同的颜色后，你就能够看到你的焦虑程度是否在周期中的某个时刻上升，而在其他时候显著下降了。看到这种联系能够帮助你在周期中的某些时刻少在意那些让你感到痛苦的想法。

我们继续？

  如果你一直在写情绪日记，或许你内心已经意识到了与我们上文所说的痛苦路径和思维循环模式相关的内容。但是也有可能这样的内容对你来说没那么明显，至少现在还没有。如果这样的话，请你也不要担心。心理图景充满细微的差别。心情不好时多关注一下内心世界发生的事情，你就能渐渐看出你的思想在制造焦虑时所经过的路径了。此外，我们在下一章中还会看到一些练习，帮助你了解自己的思想是如何"制造"焦虑的。

  打个比方，我在这里向你展示了一幅月亮的图画。这幅图可以让我们对月亮的样子有一个概念，但是这和望向真正的月亮是不一样的。如果我们在平静的湖面上看到了月亮的倒影，这和直接望向月亮也是不一样的，但是看到这个倒影更像真正看到月亮的体验。如果我们在新月之夜仰望天空，或许暂时还是不能看到月亮，因为它还没有被日光照亮。但是，如果每天晚上都坚持仰望夜空，你总有一天会看到满月的光彩。这样的体验无法用一张照片或一首诗来传达。你只能跟随已有观月经历的人的指引，自己亲身体验这种感受。

与你思想相关的事情同样经过了类似的路径。制造焦虑的思维模型与你在情绪日记中添加的问题能够帮助你观察自己对当下体验的反应，以及思维循环的模式是否被激活。要记住，你慢性焦虑的根源就在非常接近这一循环的地方。通过耐心观察自己的思想，你就可以注意到许多发生在那里的事情。目前我们还没有用以结束此循环的训练方法，但我们还在这条道路上继续努力。

按照结束慢性焦虑的计划，现在我向你介绍一种简单的练习。每天你只需花不到 5 分钟的时间就可以了。这项练习叫作感恩日记。你可以继续像老人一样散步，并用名为"居住在躯体中"的练习来替代有意识的身体放松。以下是有关新练习的解释。

感恩日记

事实上，人类总是倾向于关注负面的事情。当我们心情不好的时候，更是如此。所以，如果我遇上了 20 件积极的事情和 1 件消极的事情，我的注意力很容易集中在那 1 件消极的事情上。如果我有 9 个优点和 1 个缺点，那我很容易忘记自己的优点占大多数的事实。这种思想倾向导致我们滋养了消极的情绪状态。而由于我们更加关注那些欠缺的东西和缺点，这种不适感就又增强了。因此，我经常要求我的患者每天抽出一点时间来反思他们生活中已出现却常常被他们忽略的积极事件。正如我们在上一章中所见，充斥在脑海中的想法会对我们的情绪产生影响。陶醉于积极的事件同样也会产生影响：帮助我们保持明智的判断力并让我们感觉更好。

我们每天都可以对比我们想象中更多的事情心怀感激。我们常常将这些积极的事情视为理所当然，没有赋予它们价值。但它们其实具有很大价值，而我们往往只在失去它们时才能意识到这一点。

以下是日常生活中我们每天应为之心怀感激的一些例子（我也希望你能一直拥有它们）：

- 可供饮用和洗漱的水
- 一日三餐
- 十指齐全的双手
- 可以行走的双腿
- 可以拥抱的双臂
- 可以看到周围美丽事物的双眼
- 可以听到音乐的双耳
- 悦耳的音乐
- 用以呼吸的双肺
- 空气中有足够的氧气来维持生命
- 能够将氧气输送到全身的心脏
- 一个健康的大脑

- 阅读的能力
- 寻找幸福的智慧

这项练习需要我们每天抽出几分钟时间来反思自己生活中进展顺利的事情，对那些若是失去会使你念念不忘的事情心怀感激。其中也包含他人对你的善意举止、微笑和向你提供的帮助，哪怕是类似在你流鼻涕时递上一张手纸或者吃饭的时候递给你一块面包这样的小事。重要的是培养感恩之心并将此付诸行动。你可以记录自己的感恩日记，每天记下你感激的 10 件事，有重复的事情也没关系。事实上，我们每天都要吃饭、喝水和呼吸，否则我们的生活不会更轻松。重要的是要学会对这些生活中带有积极含义的事情心怀赞美与感激。

或许在晚上睡觉前花上几分钟时间回忆一些你在白天曾反思过的生活中的美好是件好事。就像欣赏日落一样，我们让这些美好的事物聚集在脑海中，并因感受到这些美好的存在而心怀愉悦。进入睡眠的这段时间很重要，因为夜晚剩余的时间便取决于此。在睡前陶醉于积极的事情有利于获得更安稳的睡眠，睡眠在对抗慢性焦虑中发挥了重要作用。

居住在躯体中

在一天中的大部分时间里，我们都迷失在自己的思想中，一直在思考过去发生的事情和将来可能发生的事情。我们居住在一具躯体中，但大多数时候，我们只有感到疼痛时才会想起它。所以我们通常也不习惯"居住在躯体中",而是一直在脑海中上演扭伤脚踝的坏运气所引发的故事或其他类似的事情。

居住在躯体中,并意识到它存在于此时此地是将我们的思绪固定在当下的一种方式。或许现在你可以稍作停顿,感知自己的身体在当下的感受,包括你身体的姿态,通过皮肤和空气的接触感受房间内的温度,保持坐姿时臀部或背部感受到的压力,或是双脚与支撑面接触时所产生的压力。你的躯体存在于当下吗?你注意到了吗?

躯体总是存在于当下的,只不过我们的思绪总是迷失在内心的想法中,所以我们便和当下完全脱节了。身体的感受都很细微,也很容易被忽视,但是当你决定稍微多关注它们一下时,你就可以在继续生活的同时保持与当下的联系。

你可以通过许多方式来练习这种对身体的感知。事实上,我们只需感知它的存在,每当我们意识到自己忽视它时再重新与它建立联系即可。

你也可以通过一种更系统的方式来进行这项"居住在躯体中"的练习。比如,你可以仰卧在一个舒适的地方,双臂展开并与躯干略微分开。如果你愿意的话,请轻轻闭上眼睛。你应该还记得我们之前所说的有意识放松身体的练习,让自己的身体放松下来。你不必收紧肌肉,只需让身体放松下来并适应这样的状态。

接下来,你可以在脑海中感知身体的每片区域,就像我们在放松时所做的一样,你只需要花上几分钟时间来感知你当下所关

注的身体区域以及身体的细微感受。你如果觉得舒服的话,可以按以下顺序通体感知你的身体:

1. 头部。
2. 颈部。
3. 右肩。
4. 右臂到右手。
5. 左肩。
6. 左臂到左手。
7. 背部上方。
8. 背部下方。
9. 躯干上方。
10. 躯干下方。
11. 右腿到右脚。
12. 左腿到左脚。

如果你觉得以不同的顺序通体感知自己的身体对你来说更舒服,你也可以这么做。也有人喜欢从双脚开始,然后一路向上。顺序并不重要,重要的是以和善的态度与身体的每一部分建立联系,通过产生的感觉来感知它们的存在。

当你通过练习逐渐获取了经验时,你就可以连续完成 3 次这个过程。第一遍时,注意皮肤的感觉,包括头皮,还有颈部、肩部和双臂的皮肤,等等。当你结束第一遍过程时(即按照上文所列的顺序进行到左脚时),再以相反的顺序感知你的身体,从下往上直到头部。但是这一次要注意更深处的感受，即血肉和内脏中产生的感觉。我们是否或多或少注意到身体各部分的细节并不重要，重要的是我们继续感知身体并与我们正在感知的部分建立联系，这一切只是为了知道我们所注意的身体区域是存在于当下的。

再次回到头部之后，我们便又按照从头到脚的顺序进行最后一遍感知的过程，但是这一次，我们关注的是骨骼和骨骼的连接处，即关节。这样一来，我们就能感知到头骨在它该在的位置，然后是颈椎、右边的锁骨、肩关节、右臂的骨骼等等。和以前一样，重要的不是我们是否注意到了每块骨头的好坏，我们的任务是在脑海中完成感知身体的过程，知道身体每一部分，包括每块骨骼，都在它该在的地方。

这项练习可以持续 20～40 分钟，练习时长取决于你感知身体的仔细程度。本质上来说，这其实是你已经知道的事情：这项任务旨在让你保持对自己身体每一部分的清晰认知，只需知道它们存在于当下即可。每当你走神时，只需要将注意力重新放到你正在感知的区域上就行了。当然，你首先要意识到自己走神了。

刚开始练习时，建议你先闭着眼睛。之后，睁着眼睛练习也很有趣，可以正常眨眼。

如果你一直遭受焦虑危机的困扰并很容易因为生理感受而受到惊吓，或许目前这种练习对你来说是存在问题的。你可以尝试一下，看看它对你的效果如何。无论如何，你的感受和身体都处在当下的情境中。如果这项练习让你感到紧张,你就可以把它当作一种证据,证明你的思想在这种情况下正是通过激活身体感受的路径(辅以思维循环模式的作用)而产生了焦虑。不过,如果现在这项练习令你感到不适,你可以稍后再练习。

ANSIEDAD
CRÓNICA

第四章
我的情况如何

在回顾了焦虑会引起的问题后，我们已经深入了解可能导致这一切的原因。或许现在是时候停下来并仔细思考这一切了。

如果你一直在写情绪日记（见第一章和第二章），或许你已经记录下了一些让你感到焦虑的情况，关注着内心想法和身体的感觉。现在是时候分析一下在你焦虑的经历中是否存在着某种重复的模式。如果你愿意的话，请在继续阅读之前回顾一下你在情绪日记中记录的内容。

你是否注意到你通常会在某些情况下感觉更糟糕？开始感到不适的时候，即事情从"不用担心"变为"我感觉不好"的那一刻，你通常会产生什么想法？你可以分析一下我们在刚开始感到焦虑的时候，是否通常会出现自发的生理感受、情绪或想法。

你可以从自己的情绪日记中重复次数最高的情况里看到你是如何处理自己的想法的。你是否特别担心某件事？你是否认为自己必须极其仔细地考虑某种情况？你是否注意到自己比之前更在意自己身体的感受、内心的想法或当下的情绪？你是否采取了行动来控制当时的感受或想法？如果你采取了行动，这种做法对你有用吗？如果没用，你所采取的行动很有可能使你的情绪状态更加糟糕。

例如，当我的一些患者因为某事感到不安时，他们就觉得自己需要考虑所有可能出问题的事情，需要反复思考可能出现的情况以及他们在每种情况下必须采取的行动。一般而言，在患者意识到很难预防所有可能出问题的事情后，这种在内心反复思量的做法只会让人更紧张。有时候，随着你想到的可能性越来越多，你的痛苦非但不会减少，反而还会增加。仿佛在考虑了所有可能出错的事情后，你的想象力变得更敏锐了，导致你能想到更多之前不曾想到的糟糕情况。

在我的患者中，还有些人在记录情绪日记后意识到自己想要通过改变或阻止内心的想法来停止思考这些事情，但是得到了相反的结果。如果你愿意的话，接下来让我们做一个小实验，可以通过这个实验来了解我们的思想是如何处理相关事务的。在继续阅读之前，请你花 1 分钟时间想一想除了白熊之外的任何东西，这里说的白熊就是我们在有关北极的纪录片中看到的北极熊。在整个实验持续的 1 分钟内不去想这种白熊对我们在之后正确地分析结果是非常重要的。我们会为你练习清空思想（不去想白熊）所花费的时间计时。如果你发现自己想到了和白熊相关的事情，请重新计时并再度尝试 1 分钟内不想白熊。如果尝试 5 次后，你发现这对你来说是一项不可能完成的任务，你就可以结束实验了。

现在，请开始计时，记住，你可以想除了白熊以外的任何东西。

…………

现在，至少 1 分钟过去了，很可能你已经验证了不想白熊这件事并没有那么简单，尤其是当你非常认真，想"做好"这个实验的时候。

这种越不想思考什么就越无法停止思考的现象在很久之前就为人所知了。如果你所爱的人某次对你说了侮辱性的话，或许你已经以很痛苦的方式验证了这一事实。你越不想记起那个人，这件事对你来说肯定就越困难。我从自己的亲身经历中认识到了这一点。我还是个青少年的时候，很想忘记一个女孩的电话号码（你应该已经能猜到原因了），然而似乎我越想忘记，对她电话号码的记忆就越清晰。而随着时光流逝，有一天我不知为何就忘记了她的号码（那时候还没有手机，我们都是自己把电话号码记下来的）。

思想也是如此。你越是努力阻止某种想法或情绪出现，它似乎就越发生动。事实上，我一般把这种策略称为"用汽油灭火"。你看到了火和一桶液体，觉得这桶液体应该是水，然后你就出于好意把液体泼到了火上。于是火势更大了，可你却不知道这是为什么。或许如果我们之前注意到了汽油的气味，这一切就不会发生，但是……例子就是这样。思想也是如此。如果我们注意到了自己停止焦虑的意图将会导致的结果，或许就能明白这种意图几乎总会以失败告终。它并不能成为焦虑问题最终的解决办法。

当我与患者讨论这些问题时，我会听见他们说"但是……"。然后他们会告诉我他们需要思考和担忧哪些事情，他们很在意可能发生的每一件事，以及如果不为这些事情而担忧，他们就可能被踢出局，从而没有能力做出合适的反应。你有类似的想法吗？你是否觉得自己需要反复思考所有事情以便做好更充分的准备？在感到焦虑时，你是否发现专注于那些想法或情绪真正给你带来了什么好处？如果确实如此，请至少列出 3 个你从专注于自己的想法中获得的好处：

1. _____
2. _____
3. _____

如果你关注的是可能发生的且令你感到害怕的威胁或危险，你觉得这么做的用处有多大？当我的一些患者担心自己心脏病发作时，他们会一直关注自己的感觉、心率和胸口的压力。但奇怪的是，他们并没有服用真正对预防心脏病有效的药物，而是选择服用抗焦虑药物。真的吗？意识到我们正在陷入的思想陷阱有这么难吗？是的，在那种情况下，我们被自己可能心脏病发作的念头吓得要死，但是我们内心深处明白这只是焦虑在作祟，所以服用的是治疗焦虑而非心脏病的药物。在这种情况下，我们可以采取的行动是，一旦我们觉得自己需要服用抗焦虑的药物，就等同于接受了这只是焦虑的事实，那么就让这种情绪存在于当下，直到它自己消退。这并不好受，但是也不危险。事实上，正是因为有感知焦虑和恐惧的能力，我们才能存活下来。如果你觉得自己很难完成这项练习，不要担心，稍后我们会继续进行一些练习，使我们能够做到"允许"焦虑消退。

在感到焦虑的情况下，你也可以控制自己的想法，尽管这会令你痛苦。如果你在这种情况下不去尝试控制自己的想法，会发生什么？如果你不能停止这样的想法，可能发生的最糟糕的事情是什么？你觉得自己会失控或发疯吗？

在解释过对当下体验的反应路径后（见上一章），我告诉了你一位患者的例子。他在准备考试的同时拒绝了一份工作，之后他便一直在担心如果自己没有通过考试可能发生的事情。他的思想进入了一种循环的思维模式，无法停止思考这些事情，直到他开始因内心的不安而感到十分恐慌。他认为如果自己不能停止这些想法，最终一定会出现问题，或许他会因此精神失常。此外，由于他的血压升高了，他就更加确信自己的精神状态确实很危险，认为自己精神失控的感觉令他很痛苦。实际上，他的医生已经告诉过他不用担心血压。但是作为担忧的"专家"，他十分在意那些令他感到痛苦的事情，很难停止与之相关的思考（我可以提前告诉你没有人会因为过度担忧而"发疯"，无论担的忧程度有多重，以防你有任何疑问）。

还有一位强迫症患者，当他产生把女友推到电车轨道上的想法时，他就感到非常痛苦。他很反感这样的想法，因为他是喜欢女友的。然而，伤害她的想法总会不自觉地出现在他脑海中，尤其是当他们一起去上班的时候。有时，当他们一起准备晚餐时，他切西红柿的时候会突然想把刀刺向女友的腹部。这仿佛是一种不由自主的冲动，他自己并不想这么做。他觉得自己快疯了，最后可能会成为那些杀死伴侣然后自杀的男人之一。他需要付出很大的努力来使这些想法消失，尽量不把锋利的刀具放在触手可及的地方。他坚信自己一不小心就可能会施行暴力，甚至违背自己的意愿。实际上，无论我们有多害怕失控，我们也不会违背自己的意愿行事。

尽管这些担忧出现在不同的焦虑问题中，它们的本质是一样的：对内心想法和可怕后果的担忧使我们采取行动，最终将一种特定的问题转化为一种焦虑障碍。

我对自己想法的看法

在上一章中，我们了解了对于发生在自己身上的事情、我们必须经历的情况以及我们注意到的感受，我们自己的解读是很重要的。同样，尽管这听起来有些奇怪，我们如何解读与内心想法相关的看法也很重要。事实上，对于将正常的焦虑转化为焦虑问题来说十分重要的思维循环模式在一定程度上依赖于：我对内心想法积极或消极的观念、对控制自己想法的需求，以及每时每刻我对内心正在发生的事情有多清楚。

在问卷 1 中，我们将探讨当你感觉不适时，与你当下反应相关的各个方面的体验。我建议你在继续阅读之前先填写这个问卷。

问卷 1. 我对自己想法的看法[①]

这一问卷收集了人们对于其想法与担忧的观念和经验。请在不赞同、部分赞同、赞同和完全赞同对应列的数字上标记,表明目前你对以下每一种观点的赞同程度。

1. 积极的观念	不赞同	部分赞同	赞同	完全赞同
如果我担忧一些事情,我就可以避免以后可能出现的一些问题。	0	1	2	3
考虑太多一点用也没有。	3	2	1	0
担忧能帮助我理清思绪。	0	1	2	3
我需要担忧才能做好工作。	0	1	2	3
总计(0~12)				

2. 消极的观念	不赞同	部分赞同	赞同	完全赞同
考虑太多可能是危险或有害的。	0	1	2	3
如果我过度担忧,我就可能会生病。	0	1	2	3
很多时候,无论我多么努力地抑制自己的想法,我都无法停止担忧。	0	1	2	3
当我担忧时,我就无法忽略我的想法。	0	1	2	3
如果我过于担忧,我就可能精神失常。	0	1	2	3
总计(0~15)				

3. 不自信的认知	不赞同	部分赞同	赞同	完全赞同
我记忆力不好。	0	1	2	3
我不相信自己的记忆。	0	1	2	3
我经常忘记自己要做的事情。	0	1	2	3
我经常丢东西(比如钥匙)。	0	1	2	3
总计(0~12)				

[①] 根据韦尔斯编写的问卷(2019)进行了重要改动。

（续表）

4. 控制的需求	不赞同 部分赞同 赞同 完全赞同
如果我无法停止担忧，并且我的想法后来成真了，我就会感到内疚。	0 — 1 — 2 — 3
每时每刻控制自己的想法非常重要。	0 — 1 — 2 — 3
如果我无法控制自己的想法，我就是个弱者。	0 — 1 — 2 — 3
考虑某些事情并不是好事。	0 — 1 — 2 — 3
认为某些事情意味着危险。	0 — 1 — 2 — 3
如果我不控制自己的想法，我就无法发挥作用。	0 — 1 — 2 — 3
总计（0～18）	

5. 对自我意识的认知	不赞同 部分赞同 赞同 完全赞同
当我尝试解决问题时，一般我能意识到自己是怎么想的。	0 — 1 — 2 — 3
当我思考时，我通常能意识到自己正在思考中。	0 — 1 — 2 — 3
我一般能意识到自己脑海中的想法，比如我是在思考还是在想象某件事。	0 — 1 — 2 — 3
一般而言，当我考虑某件事时，我知道自己正在思考中。	0 — 1 — 2 — 3
有时候，我意识到自己没在想任何事情，但是同时我也很清楚自己没在想任何事情。	0 — 1 — 2 — 3
总计（0～15）	

请将每部分中圈起来的数字相加以便分析问卷。所有分数的最小值为0，最大值为12、15或18，解读这些分数的方式是相同的：分数越高，这方面对你精神状态的影响就越大（有些情况下是好事，有些情况下是坏事）。让我们来看看每种结果都

告诉了我们什么。

第一部分评估的是你对担忧这件事持有的积极观念，觉得它是否能帮助你理清思绪、避免问题或更好地工作。显然，我们采取行动是因为觉得这种做法有好处（不过我们并不总是完全清楚这一点）。如果我们发现担忧有用，这就会促使我们在因为某件事而感到不安时，试图预测或考虑许多可能的选项或结果。正如我们在上一章中所见，这么做问题在于，每当你就一个问题或情况提出可能的新选项时，或许会出现更多具有威胁性的障碍，从而加重我们的焦虑。尽管担忧起初给人的感觉是有用的，但总体来看，相较于担忧能真正解决问题，它给我们造成的不适更多。毕竟，许多我们认为可能会发生的事情实际上都不太可能发生，如果它们真的发生了，无论我们目前的考虑有多周全，很多时候我们也并不能做出什么惊人的举动来阻止事情发生，也无法按我们的意愿为此做好万全准备。事实上，大多数时候，在事情发生之前，我们根本无法知道自己将要面对什么。

第二部分探讨的是你觉得担忧有多危险或能造成多大伤害，以及亲身参与到让你担忧的事情中对你来说有多重要（第4项）。你在这部分的分数越高，你就越有可能进入思维循环的模式，从担忧转变为失去理智。在第4项（"我无法忽视令我担忧的事情"）中得分很高让我想到你会以更强烈的方式进入思维循环。现在，你应该保持镇定。担忧会制造令人感到十分不适的焦虑和痛苦，但是这样的状态并没有任何危险，也不会造成任何伤害，不会导致你发疯或生病。这样的感觉会令你感到不适，仅此而已。通过改变你应对这些想法的方式，一切都会过去。

在"不自信的认知"这一部分中评估的是你认为自己的记忆有多可靠。一般而言，当我们遭受慢性焦虑的困扰时，注意力有可能会分散，这会导致我们容易忘记自己把某些日常用品放在了哪里或自己到达某个地方本来是准备干什么（"我来厨房是准备干什么来着？"）这本身并不一定代表某种精神问题。不过如果你认为这是痴呆症或其他大脑问题的先兆，从而又进入了这种思维循环的模式，那它也有可能是过度担忧或者过度恐惧的原因。

如果这些记忆问题持续存在且你的家人告诉你情况越来越严重了，你就应该向医生咨询，尤其是当你超过 60 岁时。如果你正在服用苯二氮䓬类药物（比如阿普唑仑、溴西泮、地西泮、去甲西泮、劳拉西泮），你也可能出现明显的记忆衰退症状，因为这些药物会影响你的注意力。我在这里说的是"明显的记忆衰退"，因为实际上你并没有失忆，只是你没有好好集中注意力，不能清晰地回忆起你想记住的事情。

你对于控制内心想法的需求是我们在下一部分要评估的内容。你在这部分的分数越高，就越有可能进入思维循环的模式。一个较高的分数可能表明你对自己的想法过于重视，仿佛不实现这样的想法对自己或他人来说就意味着危险。然而，这些想法本身并不会对任何人构成威胁，无论对你自己还是对其他人。你应该始终记住这一点，尤其是当你遭受侵入性想法的困扰时。这类想法总是突然自发出现，当我们因这些想法认为自己很差劲、颓废或精神出问题时，我们会感到极度不适。这类想法也包括我们在第二章中看到的强迫观念。拥有这样的想法不会导致你伤害任何人，也不意味着你是个颓废的人或精神病患者。确切来说，如果你真的是那样的人，你也不会因为这些令你感到痛苦的想法而深受困扰了。

在第四部分得分高也可能表明你对思想的力量有一种神奇的信念，仿佛思考那些事情就会导致它们真的发生。幸运的是，或不幸的是，思想并没有这样的力量。如果我总是担忧我的儿子会遭遇意外，而最终意外真的发生了，你会认为或许是我的想法促使了这样的事情出现吗？如果你确实这么想，这会产生怎样的影响？当你思考你的答案时，不要忘了运用科学的思维。目前，据我所知，心灵感应或其他超自然力量的存在尚未得到科学验证。

你应该可以猜到，在"控制的需求"方面得高分会促使你频繁陷入思维循环的模式，这肯定会引起你内心的冲突。你最好能意识到想法总是如同海浪一般来来去去。如果你站在远处观察海浪，你就不会被海水打湿；如果你试图阻止海浪袭击，你的衣服就很难保持干爽。根据你试图阻止海浪袭击的方式，它甚至会来得更猛烈。类似的情况也会发生在思想中，你越是想要阻碍、抑制或阻止自己的想法，它们获得的力量就越强，给你的打击就越大。我们要制定的策略就是允许这些想法的存在并与它们保持距离，不让自己陷入其中并相信自己，我们要清楚我们并不等同于自己的思想。这样一来，令人不安的想法就会逐渐平息，就像浴缸里的水波一样：当你停止搅动浴缸里的水时，它的能量就消退了，浴缸里的水就能完全平静下来。

最后，在第五部分中，我们探索了你思维运转模式中非常有趣的一个方面：了解自己内心想法的能力。换句话说，我们可以在不同程度上了解自己的想法。在最低端的思维运转模式中，我们与每时每刻的想法和情绪相融。在这种情况下，几乎没有视角可以了解我们的思想是如何产生情绪和想法的。于是我们将这些情绪和想法视为确凿的事实，所以可以说，我们会变得非常不理智。

举个例子，当我们非常生气时，我们就觉得他人不尊重我们，有在身体上或言语上攻击他人的冲动。在这种情况下，我们没有视角能够意识到或许是我们误解了别人的话，或者意识到以暴制暴的做法不值得。当我们在这种自我意识极度低下的情况下思考时，我们就很容易变得冲动，我们的情绪对当下所处的情况也会非常敏感。第五部分得分低表明我们很有可能是在自我意识水平很低的情况下进行思考的。

这方面的高分对应的是高度的自我意识。在这种情况下，你很清楚自己内心的想法：如果你正在思考某件事，你心里就清楚自己正在思考中；如果你正在想象某件事，你也清楚自己正在想象中。也就是说，你非常了解自己的精神世界。不过单单这件事本身并不一定具有积极意义。

如果你在问卷的其他部分得分很高，自我意识这方面的高分也很容易让你进入思维循环的模式并遭受病态焦虑和担忧的困扰，尤其是当你在第二和第四部分的得分很高时。对自己想法的消极观念和控制它们的需求，再加上高度的自我意识，便组成了思维循环模式的铁三角。

思维循环模式迷宫的出口意味着中和对自己想法的消极观念并降低控制想法的需求，同时还要保持对自己精神世界合理的自我意识。这样一来，你就不会再将那些想法视为确凿的事实，而是将它们视为你自身思想的产物。这是一种很健康的观点，因为它能够阻止我们陷入当下的想法和担忧。这样的思维方式加上高度的自我意识照亮了情绪与可能触发它的情况、回忆及预期之间的空间。对我们所观察到的内心想法保持一种低认同感，我们就能降低控制的需求。现在我们对事件的解读已不再具有自发性，因此，我们不会轻易进入这种思维循环的模式。在这种超然的自我意识状态中，你知道自己并不等同于自己的思想，这一点非常重要。你的想法并不代表现实，也不会对你发出任何质疑：如果这些想法有用，那就多关注它们一些；如果它们只是一种障碍，就不要理睬它们，不必对它们过于重视。

所以，我们的目标是降低第一至第四部分的分数，同时保持第五部分的高分。如果你没有高度的自我意识，你可以通过我们在本书中推荐的冥想练习慢慢训练这种对于自身精神和情绪状态的意识。随着这种自我意识越来越稳定，通过放弃任何控制、抑制或阻碍你自身想法的尝试，焦虑就会逐渐得到缓解，尤其是在你逐渐了解了无论那些想法、担忧或强烈的情绪有多么令人不适，它们本身并不会带来危险或造成伤害的时候。

如果以上段落的内容令你陷于困惑，请不要担心。事实上，这些内容之所以如此丰富充实，是因为它们总结了我们在后文中将要讲述的大部分内容。

无效的解决办法

我们想寻找办法缓解不适是合乎逻辑的，我们都想摆脱痛苦。事实上，如果你正在阅读这本书，你肯定已经尝试了不止一种"解决办法"来缓解焦虑，即使很可能你还没有得到想要的结果。在这部分内容中，我将回顾一些遭受慢性焦虑困扰的患者所使用的典型解决办法，不过这些办法一般都不起作用（或者直接恶化了焦虑问题）。

回避或逃离。当某种情况令我们感到焦虑时，一种常见的"解决办法"就是逃离这种情况，或者如果我们觉得这种情况很危险，就会回避它。也就是说，尽可能逃离或回避令我们感到焦虑的情况。尽管起初焦虑得到了缓解，可从中期来看，我们最后往往会坚信那些情况是危险的，仿佛我们想的是："好在我已经摆脱焦虑了。"我们在那时还未逃离或感到焦虑，但是对我们的情绪系统来说，好像我们已经逃离了那种情况并经历了糟糕的事情，所以我们对那种情况的恐惧又加深了，即使它本身并不危险。而下一次我们不得不面对这种情况时，很可能要付出更多努力才行，这样一来，焦虑就会带来更多问题。

回避感受。当危险在我们身体内部构成威胁时，由于我们能感受到可怕的感觉，我们就很想分散注意力或回避可能引发这些感觉的活动。比如，如果我害怕心跳加快的感觉，我会尝试不去想这件事或不进行任何剧烈的运动。我们也可以通过服用抗焦虑的药物或饮酒来缓解类似的感受或削弱我们对那些感受的意识。这种做法并不好。由于没有解决出现这些感受的原因，即存在于我们内心的问题，每当我们感到焦虑时，我们都会需要服药或饮酒。于是问题又增加了，我们的身体逐渐对这些化学物质产生了依赖，为了缓解焦虑的生理感受，我们对这些物质的需求量会越来越大。

回避思考。当我们出现可怕的想法时，威胁便存在于我们的脑海中，而我们想采取的行动依旧是分散注意力，将注意力转移到别的事情上，或者试图阻止那些想法。出于和回避焦虑感受相同的原因，我们也会依赖于酒精或抗焦虑药物，并得到相同的糟糕结果。我们也可以通过本书提到的练习来分散注意力，不过这并不是这些练习本来的目的。我们也能将这种通过练习来分散注意力的复杂策略应用于生理感受。不过从中期来看，这并不是一个好方法。

寻求他人的安慰。这是一种当我们因为可能发生的事情（比如，工作或家庭中的问题，患上了某种疾病，不得不去某个我们害怕独自前往的地方或必须做一些可能会引发强迫性疑虑的事情）而感到苦恼时采用的一种典型的解决方法。我们可以聊聊信任的人所起到的抗焦虑作用，其结果类似于每当我们感到焦虑时服用抗焦虑药物所得到的效果。如果信任的人没有对我们丧失耐心，我们在生活中就总是会去寻求对方的帮助。此外，和服用抗焦虑药物的后果一样，我们会越来越怀疑自己以及应对事情的能力。

以上所有情况中，我们应对焦虑的方式所产生的效果都适得其反。这样的方法没有从根本上消除不适，而是试图通过一些方式缓解焦虑，但从中期或长期来看，这些方法会带来更多焦虑、不安和问题。

逐渐获取角度

现在，我猜你已经能够意识到我对人们焦虑时的内心想法有多重视了。从一名心理学家的角度来看，这没什么好奇怪的（我想你应该是这么认为的）。

尽管有些健康专家将慢性焦虑归咎于各种因素，有些人专注于生物学方面的原因，有些人则将其归因于不幸的童年。就我的专业经验来看，我认为最有用的做法是教会患者观察自己内心的想法，以便获得观察的视角并帮助他们练习让自己的内心平静下来，这样的做法反过来又能帮助他们了解自己产生焦虑并摆脱它的过程。

当你能够看到自己的思想所铺设的陷阱并在前进的过程中学

会识别它们，那么你已经在很大程度上摆脱了慢性焦虑。在这个过程中会有难受的时刻，但这也是将所学知识付诸实践的机会，所以这样就可以在与内心世界和情绪之间的健康关系中逐渐获得实践的经验。这样一来，焦虑和恐惧就只会在能够发挥作用和作为健康情绪的情况下出现。

在本章中，我们已经探讨了你在能够感到焦虑的情况下内心的想法。或许你已经了解了那些令你不安或直接令你感到害怕的想法、生理感受或情绪，甚至有可能你也已经了解了我认为情绪日记中最困难的部分，即对于当下体验的反应。也就是说，了解感到不适时，如何阻止或控制当下的感受或想法；或者为了有掌控局面的感受并能够稍微平静下来，如何在一条痛苦的道路上不断思考，而大多数情况下这样的目的几乎不可能达到。日记中的这部分内容是最重要的，因为它代表着真正意义上识别你慢性焦虑的本质。

当你完成"不想白熊"的试验后，或许你已经感受到了自己也是内心极其残忍一面的受害者：我们越是不愿想起某件事，我们的思想就越是努力让我们将这件事铭记在心。这本身就是思想内耗的明显迹象。

如果你不想感受某种情绪，只要稍微注意一下不想感受这种情绪的想法，那么你最终一定会感受到这种情绪，尤其是焦虑或恐惧的情绪。警戒状态会让身体紧张起来，这种紧张会转化为许多感受。注意到其中你不想拥有的某种感受时，你就会惊慌失措并感到焦虑。而你越是感到不适或越是害怕焦虑的感觉，就越容易出现那些生理感受，从而更容易触发会转化为焦虑的警报（如果你因那些感受而感到十分害怕，警报也会转化为焦虑危机）。

正如我们之前所见，发生在感受和情绪方面的事情也会发生在思想中。如果你不愿思考某件事，只要多关注一下内心的想法（即你是否会想到它），那么与在情绪上发生的事情一样，你最终也肯定会陷入令你痛苦的想法。

当你担忧某件事时，你也可能会觉得有必要了解所有可能出问题的情况，迫切地希望做好充分准备，这样才能稍微平静一些。但是，很明显，虽然你进行这种思考的出发点是好的，结果却总是不如人意。一般而言，你想到的可能性越多，你就越焦虑。当你意识到自己内心十分不安时，你就有陷入思维循环的风险，总是思考自己是否会精神错乱（或者过度担忧是否会损害你的健康）。正如当你不愿思考令你感到痛苦的事情时所发生的情况，仅仅想到你的担忧可能会带来危险或造成伤害就会使你更加担忧，当你为你正在担忧的事实而感到担忧时，一个闭合的循环便形成了。就像害怕恐惧的感觉一样，当你害怕心动过速（有心脏病发作的可能）时，这种对心动过速的恐惧恰好使你心跳更快了，你的情绪也由恐惧变为惊恐。

在"我对自己想法的看法"这部分内容中，我们已经对现在讨论的话题进行了较为深入的了解。我们在问卷1中看到的内容能够帮助我们在摆脱慢性焦虑的任务中确立一些目标。我也想借此提醒你，重要的是要认识到如果我们现在继续像以前一样应对焦虑，那么焦虑很有可能会像之前一样存在于我们的生活中，我们甚至会更焦虑。正如阿尔伯特·爱因斯坦所说："疯狂就是一遍又一遍地做同一件事但期待得到不同的结果。"

因此我提出的主要目标就是加深当你感到不适时对自己想法的认识，总是能清楚地意识到你并不等同于你的思想。正如我经常告诉患者的，思想就像是一个马戏团（有时候有7个表演场地）。无论你脑海中在思考什么，重要的是不要进入表演场地和杂技演员或驯兽师混在一起。你的位置在看台上，只是在观察场地中发生的一切，并不参与其中。必须坚信场地中发生的任何事情都不会伤害到你，除非你进入表演场地站在驯兽师和狮子中间（在这种情况下，你将遭受的唯一"伤害"也仅仅是感到焦虑而已）。所有在脑海中发生的事情都有开始、经过和结果，没有什么是永恒的，也没有想法能够以任何方式伤害你或强迫你做不想做的事，只要你坚持认为所有一切都只不过是你思想的产物。当你停止参与马戏团的节目时，那些驯兽师和杂技演员就会离开，脑海中马戏团的表演场地又恢复了平静。

我们每个人都有这种观察内心想法但不被卷入其中的能力，只是有些人的这种能力更强。好消息是，如同所有能力一样，这种能力是可以通过训练提高的。帮助你训练这种能力也正是这本书的目的，让你不迷失在脑海中的马戏表演里。

事实上，如果你已经将我提出的一些练习（比如情绪日记、有意识的身体放松、像老人一样散步、居住在躯体中等）付诸实践，那么你其实已经开始在训练这种能力了。我的目的是继续教你完成一些练习来帮助你训练这种能力，这样一来，你就能很好地将马戏团看台上观众的角色和驯兽师的角色区分开来。正如我所说，如果不想被卷入焦虑工厂的大马戏团，即自己的思想中，做到这一点是非常重要的。

通过这样的训练，我们会在感到焦虑时改变内心的想法，并明白担忧（超出合理范围的）只会让人遭受无益的痛苦。我们也会意识到那些想法只是思想的产物，而且它不能对我们造成伤害。此外，我们还能证明仅仅担忧并感到焦虑，或者思考令我们感到痛苦的怪事是不足以让一个人发疯的。精神障碍的形成还需要具备其他条件，仅仅担忧或感到焦虑是不够的。

如果你信奉宗教，或许你听过"邪念"的说法并害怕你的想法可能会带来负面的后果。从我作为心理学家的角度来看，决定这种后果的并不是想法本身，而是其背后的意图。只要你的用意是好的，你脑海中可能出现的那些最具攻击性的、下流的或亵渎神明的想法并不代表或反映你坏的一面，尤其是当你因这些想法感到痛苦并希望这些想法消失的时候。

因此，从心理学家的角度来看阿尔伯特·爱因斯坦的建议，如果我们想在摆脱慢性焦虑时获得不同的结果，需要做以下两件事：① 提高当我们感觉不适时对自身想法的觉悟；② 当我感到不适时，降低控制内心想法的需求，不被自己的思想左右。可以这么说，当我们感到不适时，为了减少这种不适感而意图对想法采取的行动恰恰是增加我们焦虑的原因。

这就引出了本书后文的内容，即如何在日常生活中将以下两个目标付诸实践：提高自我意识并降低控制思想的需求（现如今给我们带来了很多问题）。或者如果你更喜欢比喻的说法，正如我经常好意提醒我的患者：我们的目标是时时刻刻都能意识到自己是否正在看台上观看脑海中上演的节目而不深陷其中，或者自己是否进入了表演场地企图驯服狮子。我们最终在看台上安顿下来，就能看到一切都过去了，没有一丝焦虑的感觉。正如我们的朋友非洲斑马一样，我们会看到生活仍在继续，一如既往，仅此而已。

ANSIEDAD
CRÓNICA

第五章
平静思绪：
初级水平

正如在上文中所见，伴随我们焦虑的不安感非常严重，表现形式也多种多样。如果我们对这种不安的感觉产生了恐惧，那么思想就会发挥像回声室一样的作用，将正常的焦虑状态转化为病态的焦虑。因此，学会平静思绪，即减少这种"心理回声"，可以在很大程度上帮助我们的生活重归安宁与平静。

想要平静思绪，第一步就是要更加清楚我们感到难受时心中的所思所想。下一步就是允许这些自发出现的想法或画面存在于脑海中，不采取任何行动来阻碍或改变它们，但是也不要让自己被它们想告诉我们的内容左右。意识到自己的想法且不任由自己被这些想法左右，是我们在与焦虑共处的过程中必须学习的两个步骤。正如我在马戏团与思想的比喻中所提到的（见第四章），我们的任务是学习专注于马戏团表演场地中发生的事情（思想），同时安静地待在看台上，不要尝试改变表演场地中发生的任何事情。虽然这看起来有些矛盾，在这种情况下，不采取任何行动就是有效结束助长慢性焦虑的思维循环模式最好的办法（见第三章）。

乍一看，这似乎非常复杂。但是实际上，只是因为你一直以这样的方式思考，所以它才看起来很复杂。大多数情况下，我们并没有意识到自己在当下的行动和感受，处于"自动驾驶"的状态。事实上，如果你开车的话，肯定不止一次注意到你其实并不是很清楚自己是如何到达目的地的。或者，至少你肯定有被手头的事情分散注意力，以至于你并不完全清楚周围发生了什么事情（或是不清楚你自己在当下正在想什么）的时候。神奇的是，你并没有因此而遭遇过任何事故（或者我希望如此），因为你的一部分思想一直在做决策并自动驾驶着汽车，而你自己并没有完全意识到这一点。

然而，这种分散注意力或与当下脱节的方式，即迷失在你自己的思想中，通常会在生活中的事情变得复杂时引起情绪问题，无论是出于何种原因。解决方法就在眼前：学习重新与当下以及我们脑海中所思考的事情建立联系，但重要的是，不要让自己沉浸在思想中或任由自己被情绪左右。

培养正念

我们每个人都有身处当下、活在当下的能力，这并不是什么需要从零开始培养的新东西。这种能力被称为正念，是最近几年很流行的概念。

尽管正念有许多定义，有些定义比另一些更好，但我还是喜欢将它定义为：活在当下，同时带着善意的态度知道自己活在当下这一事实。也就是说，觉知当下并清楚自己觉知当下的事实。或者，仅仅是处于当下的情境中（相反的意思是没有专注于当下或分散注意力)。

"带着善意的态度"并不是上文所述的正念的一部分，但是当我提到通过冥想来培养正念的时候，总是习惯把这一点包括进去，目的在于强调不采取强制措施、清楚自己目前的极限并允许自己多次"失败"的重要性。自知自己处在当下的情境中需要我们时时刻刻观察自己在当下的心理体验，要做到这一点，我们需要时间、练习，以及对自己善意的态度。

从某种意义上说，正念是一条回归当下的道路，让你意识到自己内心世界正在发生的事情；感知一直存在但并不总是显而易见的东西。当然，如果你已经进行了上述章节提到的一些练习（比如有意识的肌肉放松、像老人一样散步或居住在躯体中），那么我们已经踏上了这条道路。

从这个角度来说，我在第一章中向你推荐的情绪日记就是让你关注在你感到不适时内心的想法。在这种情况下，它只意味着观察并了解当你感到不适时内心的想法，注意你的身体和情绪发生了怎样的变化。当我要求你关注自己对于当下体验的反应时（第二章），我想告诉你的是，心理图景有许多细微的差别，不过我们只有在训练了自己的观察力之后才能感知其中的某些细节。如果这项练习让你感到不适，你恰好可以把这当作证明你和你的想法之间联系紧密的例子。不用担心，随着练习不断加深，情况会慢慢变好的。通过观察自己的思想，你就能意识到你为改变自己当下的想法和感受所付出的努力。正如我们所见，了解你对当下体验的反应是对它进行观察且不被你的想法和感受左右的第一步，也是将你的情绪问题抛在脑后的第一步。

在有意识的肌肉放松和像老人一样散步的练习中，我曾建议你通过其他方式来关注你的思想和当下的情况。这两种练习方法都很好，不过或许当你觉得十分不安且不想躺在床上保持不动进行放松练习时，你会觉得像老人一样散步更令人愉快一些。每天练习是非常重要的，尽管有时候你更专注于某种练习，而有时候你又更偏向于其他练习。思想需要多样性，明白这一点能够让我们避免一些问题。因此，尽管我们的任务一直是了解我们对当下体验的反应且不试图改变它，但每种练习都有更为适合的情绪状态。相对平静时进行这种思想练习和极度焦虑时进行练习是不一样的。所以，我将在列表中增加一些选项，以便你能够在清醒且与当下保持联系的状态下应对那些情绪，与此同时还要带着善意的态度（最重要的就是一直带着善意的态度）。

同时，可以肯定的是，由于思想如同鳗鱼一样难以捉摸，当我们决定了解它时，很容易出现各种困难：事情不如我们所愿或其他许多原因，我们付出的努力太多了，并觉得这一切不会有任何帮助，所以我们便不努力了，感到注意力分散、疲倦和愤怒。为了避免这些问题，最直接简单的做法就是听从在焦虑症治疗和冥想技巧方面经验丰富的心理专家的指导。如果你身边没有专业人士在这条路上给予你指引，我希望这本书能够提供你所需要的帮助，让你提前了解这种情况可能带来的所有局限。

正念的好处

所有训练都需要人们付出循序渐进的努力，也要适合每个人的水平，尤其是要尊重接受我们在每个训练阶段可能遇到的局限。因此，我接下来向你展示的练习已经按照我的患者通常遇到的困难进行了难度分级。然而，这种难度对每个人来说并不相同，对每天不同状态下的同一个人来说也是不一样的。因此，请自由探索并尝试我提出的练习。如果遇到了困难，我会对练习和建议做适当改动，以便在困难出现时深入研究并做好准备工作。

不过，我们还是通过此类训练的一种传统练习方式正式开始正念训练。我所说的就是正念练习中的葡萄干练习。已经对正念有所了解的人基本都知道这项练习，它囊括了所有开展正念训练所需要的内容，无论你是否喜欢葡萄干。

觉察当下的意识

要知道，当下的意识是你已经拥有的东西，它永远与你同在。因此，当新事件发生时，你会立刻将注意力转向它，想知道到底发生了什么事。例如，如果我们不能听到旁边餐厅里的所有声音，那么就不会注意到远处有人叫我们的名字。我指的不是别人大声喊你的名字，而是当你感觉从别人的窃窃私语中听到自己的名字时，你会注意声音传来的方向，想知道是否有人在叫你（或者别人是否在讨论关于你的事情，这种情况也有可能发生）。

这个例子让我们意识到了某种经常发生的情况。我们或许对当下有一定的认知，但是并没有觉察到这种认知，所以这种认知被忽视了。在这种情况下，我们并没有身处当下的情境中，没有自觉地关注当下的一切。

为了探究这种对当下认知的觉察，我们来看一种很简单的情况。为此，我们将需要两粒葡萄干，留出几分钟不被他人打扰的时间来安静地探索你的体验。

练习。一旦你拿到了葡萄干，请忘记你对这种干果所有的认知。想象自己是一个外星人，刚刚发现这种颜色略深的棕色"物品"。做好准备后，请你按顺序一口气完成以下练习：

1. 视觉。把葡萄干捏在指间，放在离双眼20厘米左右的位置，像第一次见到类似的东西一样观察它。把葡萄干翻来覆去仔细研究一番。观察它的褶皱、纹路、颜色、形状、大小。看看它是否透光，当你把光源放在它背后时，观察它的颜色是否会改变。从本质上说，这项练习只为让我们意识到葡萄干就在我们眼前；让我们知道它就在这里并觉察到我们知道它在这里的事实，与我们看到它的体验建立联系。30秒过后，请进行下一项练习。

2. 触觉。闭上眼睛，感受葡萄干的触感，感受它的质地、粗糙度，分辨它是饱满的还是干瘪的。与指尖的触觉建立联系。对葡萄干进行一些实验，使之变形，揉捏它；感受指尖触感的变化。同样，这么做的目的也是让我们在感受到葡萄干在指间的触感时，知道它就在指间的事实，让我们意识到当下正在进行的体验。请你花大约 30 秒时间用于这项练习。

3. **嗅觉**。现在，请闭上眼睛，把葡萄干放在鼻子底下。闻一闻它，感受它此时此刻的香气。或许这种气味会唤起你的某段记忆。不用担心，不必理睬这段记忆，将注意力集中到葡萄干散发的香气上。当你在此刻闻到葡萄干的气味时，你已与嗅觉的感官体验建立了联系。30 秒后，请进行下一项练习。

4. **听觉**。将葡萄干放在离你耳朵 1 厘米远的地方。轻轻挤压揉捏葡萄干，闭上眼睛专注于它此时发出的声音。注意声音是如何流动的。片刻后请继续下一项练习。

5. **味觉**。如果你不喜欢葡萄干，这项练习可能对你来说会比较困难，但是做一做这个练习还是挺有趣的。[①] 请闭上眼睛，将葡萄干放入口中，暂时不要咀嚼，只是把它放入口中并感受它的味道。同样，正如我之前所说，请忘记你对葡萄干味道的一切认知（无论你是否喜欢葡萄干），仔细品尝它的味道，与味觉的感官体验建立联系。或许你不久就会发现葡萄干在口中与唾液接触后体积变大了。然后，请你尝试用牙齿撕下葡萄干的表皮，但暂时不要咀嚼。注意它在你

[①] 当然，如果你有食物过敏的体质或出于其他医学原因不能吃葡萄干，你就不要进行这项练习。

口中的味道是如何变化的。然后再轻轻咀嚼它，仔细感受它的味道是如何变化的。你是否有吞下葡萄干的冲动？你是在哪一步注意到这种冲动的？你想再吃一点葡萄干吗？这是否让你想起了一些美好的回忆？还是说你更想吐掉它？这是否唤起了你一些糟糕的回忆？最后，你可以根据自己的意愿选择吞下或吐掉葡萄干。

我们能够通过这些实验获得各种各样的体验。有些患者每天要吃许多葡萄干，最后发现自己其实一点也不喜欢葡萄干。而有些患者在完成这项练习后，脸上洋溢着幸福的表情，说："这是我这辈子吃过的最好吃的葡萄干。"这项练习很容易唤起回忆。我第一次进行这项练习时就想起了小时候吃过的朗姆酒葡萄干冰淇淋，这样的回忆没什么不好的（好吧，吃太多冰淇淋确实不太好）。每种体验都是不同的，这没关系。我们想要进行的正念训练是体验当下发生的事情，允许一切顺其自然，不试图改变这种体验或我们对于当下体验的反应。我们只需要知道自己是活在当下，还是已经分心了。如果我们意识到自己分心了（这种情况经常发生），只要带着善意的态度觉察到我们的注意力又回到了当下即可，不必再采取任何行动，只与当下的体验保持联系，允许一切顺其自然。

或许重复练习并感受体验的变化会很有趣。如果你在每种感受的方式上多花一点时间，比如花费几分钟而不是 30 秒，你可能会发现自己更容易走神。但是请你不要担心，思想就是如此，而这项训练的目的正是让你尽快觉察到自己分心的事实并带着善意的态度停留在当下，觉察我们在当下的体验。

正如生活中的其他经历一样，这项练习能够唤起我们脑海中的许多回忆，至少会导致我们分心或遐想。而这项练习的有趣之处在于，它能够让我们通过这种体验初步了解正念以及应该如何逐渐展开正念训练。现在，我想强调一下正念向我们发出的邀请：通过与我们在此时此地的各种感觉建立联系，将思绪带到当下，意识到内心世界正在发生的事情，对于自己和发生的事件培养一种善意态度。

非正式的正念练习

一天中，我们可以在许多情况下练习对各种感觉的正念关注。比如，如果我们在准备食物的同时关注我们的各种感受，就能有意识地进行这项活动。我们手上沾到的水，土豆和胡萝卜的触感，备菜时放进嘴里的一块胡萝卜的味道，厨房里的各种气味……我们被各种感觉所包围，而大多数情况下，我们并没有意识到这一点，因为我们迷失在自己的思想中，总是感到担忧，觉得会有问题出现，同时又在思考解决方法，而很多时候这一切都是没必要的……

我们也可以在吃饭的时候进行正念练习。只需注意食物口感、味道和气味。如果发现自己的思绪跑到了别的事情上，一旦察觉到这种情况，我们就立刻带着善意的态度将注意力转回我们吃饭时的感觉上。如果你有些超重，那么这项练习本身就是对你有好处的。我的一位患者在吃饭时就像害怕别人跟他抢饭吃一样，他的妻子还把这件事当作笑话讲。在他与我进行正念训练的启蒙课程时，他偶然告诉我说自己的体重已经开始减轻了（这对他来说大有好处）。他能更仔细地品尝和享受食物，很快就吃饱了，最后食量也比以前少。正念训练并不会直接让人变瘦，但是进行这样的练习可以让你吃得更少（而吃得更少确实会让人变瘦）。

事实上，我们可以通过每天都要进行的日常活动来完成这种活在当下的练习（比如刷牙、洗澡、穿衣、打扫房间、启动洗衣机、洗碗、整理客厅）。所有事情都可以在出神的状态下完成，或者相反，我们可以利用每个瞬间来感知我们是活在当下，还是思绪已经飘到其他事情上了。

我们甚至可以在与他人交际的时候进行练习，比如，在与家人或朋友聊天的时候。这是一件对说话者和倾听者来说两全其美的事情。别人没有认真听你讲话，或是他以为自己知道你要说什么但事实并非如此，还有什么比这些更令人感到讨厌的事情吗？当你认真倾听时，你是身处于当下的，所以这样的情况很难发生。事实上，如果我们有时间，也可以与我们的客户或街上向我们搭话的路人进行这项练习，这也是我建议的做法。

你或许认为如果自己将所有注意力都集中在生理感受上，就很难过上正常的生活。有时你必须考虑一些事情、做计划和完成工作。在这些情况下，你可以在专注手头事情的同时继续觉察身体内部的感受，无须亲自查看自己的身体状况，这些感受会告诉你身体的每一部分情况如何（你可以回顾一下第三章"居住在躯体中"这项练习，复习一下有关生理感受的正式的正念练习）。

这种与日常活动相结合的训练具有不可估量的价值。如果某种心理治疗想要发挥作用，患者就必须在日常生活中注意到它，尤其是在面对每天的困难和情况时。以这样的方式练习会让你更容易摆脱慢性焦虑。

正式的正念练习

在日常生活中保持活在当下的态度是培养正念意识十分重要的第一步。如果我们确实还想更进一步，那么第二步就是全心投入有条理且循序渐进的练习计划。

在这种情况下，我们便进入了佛教冥想大师所谓的正式冥想领域了。但是请你不要被"冥想"这个词吓到。藏语中用"gom"来指代冥想，它的字面意思是"与……熟悉"。因此，佛教的冥想练习就是熟悉自己的心性。[1] 在某种程度上，这就像是与一位朋友加深联系，只不过在这里你加深的是与自己的关系。你也不要被"佛教"这个词吓到，我在这本书中介绍的练习严格来说都

---

[1] 咏给·明就仁波切.世界上最快乐的人（*The Joy of Living: Unlocking the Secret and Science of Happiness*）[M].电子书版本.环球出版社，2007：50-51

属于心理学范畴而非宗教范畴。另一方面,虽然佛教相关的内容可能需要在另一本书里来讨论,但这里所说的佛教实际上并不是西方人意识里所定义的一种宗教,因为它更像心理学和哲学。不过,正如我所说,这个话题我们以后再讨论。

正式开始冥想练习时,最好记住我告诉患者的这4项基本指示:

1. 对你自己的思想(以及你自身)保持善意的态度。
2. 培养耐心。
3. 找到平衡点。
4. 不要考虑结果。

正如我之前所说,思想是难以捉摸的。如果你试图以粗暴的方式引导它,事情就会变得很难办。因此,把你对自己思想的善意和耐心作为训练的基础是非常重要的。我们没有自觉关注思想如何运转的习惯,所以遇到困难是正常的,不应为此惩罚自己。毕竟,如果我们采取一种善良、宽容的态度,这些困难并非无法克服。就像我经常和我的患者开玩笑说,丢掉患者(遭受焦虑困扰的人)身份最好的办法就是保持耐心(在治疗过程中)。

正念练习的关键其实很简单,就是观察我们是否带着善意的态度活在当下。要想完成训练并有所收获,我们就要在这一过程中保持耐心,耐心在其中具有神奇的作用。通过训练,我们更容易活在当下,不会因为思维循环模式(见第三章)带来的病态恐惧和痛苦而分心或迷失其中。

我们进行正念练习时可能遇上的阻碍之一（因为这项练习涉及注意各种生理感受等）就是错误地加强我们的注意力，以便"更好地"注意到那些我们想要觉察的感受。我们也可能会强化关注的焦点，以防自己注意力不集中。在这两种情况下，过度的努力都是有害的。

为了抵消这样的倾向，我们应该带着善意集中注意力，以宽容的态度看待活跃的思想以及关注点的丧失。我们意识到失去关注点的同时也正是恢复注意力的时候。此时无须再做任何事情，只需保持对当下的意识并培养对注意力集中与否的耐心。通过练习，我们将逐渐提高自己的能力。

在某种程度上，这种策略让我想起了我在那些给孩子喂饭的父母身上所看到的策略，他们会将喂饭的那一刻转变为有趣和轻松的时光。他们知道孩子需要吃饭，但是也知道孩子很难保持安静。他们明白强迫小孩安安静静坐在椅子上吃饭只会给他们带来麻烦，更难让孩子乖乖吃饭。他们也知道如果他们坚持这种严厉的态度，只会出现越来越多的问题。于是他们以温和宽容的态度让孩子可以按照自己的节奏逐渐加强专注于食物的能力。父母允许孩子走来走去，但是也同样带着微笑，以温和的态度鼓励孩子张嘴配合他们喂饭。

为了不使我们专注于感受的任务变得难以忍受，最好还是保持一种松弛的态度，对活跃的思想宽容一些。采取一种被动的立场，让感受主动来找我们是很有趣的。我们可以将这种态度视为碟形天线，它不用做任何事情，只是在原地接收接近它的无线电波。天线不会主动去搜寻无线电波，只需在无线电波接触到它时待在原地即可。这种对思想及注意力分散倾向的温和态度会使你的冥想能力得到适当提升，就像经常会有"只要你欣然接受，事情最终会如你所愿"的例子发生一样。

我们在正式练习中遇到的另一种阻碍是困倦的状态。在这种情况下，似乎我们内心对开始练习冥想充满期待，希望自己能够进入睡眠或者一种较为昏沉困倦的状态。这种情况在我们躺着练习时很容易发生，尤其是当我们感到疲惫的时候。显然，如果我们的目的是活在当下并意识到正在发生的事情，那么当我们进入一种昏昏沉沉的状态时，我们对当下的意识就不再是清晰的了。

我们在冥想期间的警惕程度应该介于激动和困倦之间。为了预防激动的状态，我们便保持一种温和的态度。而为了不陷入困倦的状态，我们最好检查一下自己是否睡眠不足或十分疲倦。如果休息或睡眠过后这种昏沉的感觉仍然存在，我们可以采取其他措施，比如重新检查一下冥想的姿势（坐起来而不是躺着），冲个温水澡或用冷水洗把脸，坐下练习之前先拉伸一下，等等。

我们也可以观察这种困倦的状态，试着对它产生好奇心。我是如何注意到这种困倦状态的呢？这种困倦从何而来？它有形状或颜色吗？这并不是要在内心的一场关于困倦本质的辩论中迷失自我，而是觉察我们当下正在体验的困倦感。探索类似困倦、无聊或昏沉的灰色状态或许是件非常有趣的事情。

还有一种应对困倦的方式是重新唤起我们对当下的好奇心。我们认为自己注意到的感受都基本"相同"，是因为我们已经丧失了与这些感觉的联系。那一刻与我们联系起来的是概念而非感觉本身："啊！是呼吸……我已经知道呼吸是怎么回事了……真无聊！"保持好奇心就是探索真实的感受，仿佛我们是第一次有这样的感觉一样。这是一种保持适度警惕的好方法。

从某种意义上说，在冥想的过程中控制我们的警惕程度就像在自行车上维持平衡一样。这其实是在紧张和放松之间找到平衡点：如果太放松，你就会摔倒；如果太紧张，你也会摔倒。当你在紧张和放松以及强迫和放手之间找到平衡后，你就可以自如地骑车了。

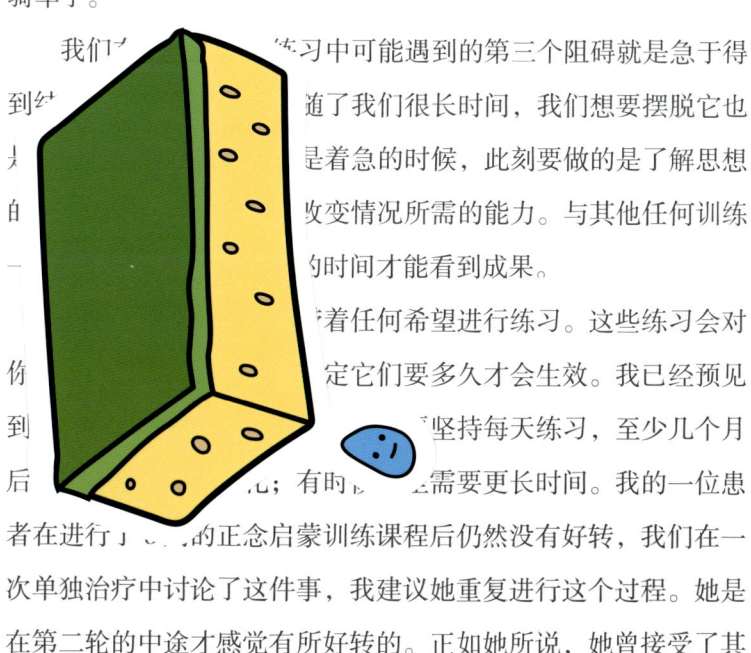

我们在练习中可能遇到的第三个阻碍就是急于得到结果。困扰了我们很长时间，我们想要摆脱它也是着急的时候，此刻要做的是了解思想改变情况所需的能力。与其他任何训练一样，需要一定的时间才能看到成果。

不要抱着任何希望进行练习。这些练习会对你有效，但我无法确定它们要多久才会生效。我已经预见到可能发生的情况：坚持每天练习，至少几个月后才会感到有所改善；有时，它需要更长时间。我的一位患者在进行了8周的正念启蒙训练课程后仍然没有好转，我们在一次单独治疗中讨论了这件事，我建议她重复进行这个过程。她是在第二轮的中途才感觉有所好转的。正如她所说，她曾接受了其他心理医生和精神科医生持续几年的治疗，而这一切与她之前对自己焦虑症的认知非常不同。此外，她自己也是一名医生，可她最后并没有理解这种治疗方法的逻辑。但是有一天，在一次单独治疗中，她突然就"开窍"了，明白了所有事情真正的目的。她确实也患有强迫症，所以可以说她的负担十分沉重。

和所有技能一样，活在当下的能力是通过练习不断提高的。对你而言，如果你投入了足够的时间，那么你最终一定会获得回报。唯一的条件是你允许自己在知道没有即时结果的情况下坚持练习。要记住，如果你想培养活在当下的能力，那么着眼于未来利益的做法就有些矛盾了。如果你的余光盯着未来，就表明你没有活在当下。

你需要以温和的态度提醒自己，所有训练都需要时间。你学习阅读花了多长时间？你学骑自行车或开车又花了多长时间？如果你想健身塑形，你肯定也知道必须循序渐进地坚持练习。最后的成果是通过练习得到的，并不仅仅因为你有想要变得更好的强烈愿望。

当你怀疑这些练习能否真正有所帮助时，请问问自己是否还能再多忍受一会儿这种不适感，直到完成我建议的持续两个月的练习考验。如果你觉得自己确实无法忍受，请寻求专业人士的帮助。但是如果你认为自己还可以再尝试一番，那就按照我们设定的期限继续练习，不要现在就期待结果。或许当你开始相信自己拥有的内部能量时，你会因自己的思想为你留下的东西而感到惊讶。

冥想的姿势

谈到冥想时，我们很容易就会想到一个在地垫上盘腿而坐的人。这也是几个世纪以来亚洲人练习冥想的方式（很多时候是没有垫子的）。但冥想是一种思想练习，而不是需要双腿和臀部来完成的练习，因此我们有各种各样的选择。关于冥想的姿势，我从明就仁波切那里听到的唯一要求就是让脊柱处于自然状态，不要压迫它，身体其他部分放松，释放所有对保持姿势而言不必要的紧张感。

因此，我们可以像练习有意识的身体放松一样练习冥想。为了进行这样的冥想练习，我们需要面朝上躺在一个平面上，让脊柱处于自然状态，双臂展开并略微与躯干分开（大约30度夹角），手掌向上。这种姿势除了可以用于有意识的身体放松外，还可以应用于其他冥想练习。当我们感到十分紧张时，这种方法也很有用。当我静坐好几个小时并需要放松背部时，这样的姿势对我来说特别舒服。

另一种冥想姿势是保持站立，按照脊柱的自然曲度挺胸抬头。当我们在银行或超市排队时，这个姿势非常有用。没人知道我们正在冥想，但是我们的思想在当下的生理感受中处于静止状态，比如，这种生理感受可以是我们将在后面的练习中看到的腹式呼吸的感觉。

除了躺下或保持站立，步行也是冥想的一种姿势。在这种身体姿势的变化中，我们自胯部往上的姿态和我们站着进行冥想练习时的姿态是一样的，脊柱挺直，目视前方。不同的是，我们现在是在慢慢走路，每走一步都注意着双脚和双腿所变换的姿态。如果走得很快，我们也可以将身体看作一个正在前进的整体，注意到那些十分明显的身体感觉。

最后，我们终于可以在垫子或椅子上坐着进行冥想了。如果你没有练过瑜伽，我建议你坐在椅子上，双脚脚掌紧贴地面并彼此保持平行。脊背挺直，不要接触椅背，稍稍低头，收起下巴。如果我们在椅子的后腿处垫一个支撑物，椅子就能升高5～7厘米，这样一来，保持挺直脊背的姿势时会更舒服，腰部就不会承受太大压力。让胯部高于膝盖的水平位置是一个好习惯。目光望向双脚前方1.5米的地方，但要将视线停留在中间虚空处。如果座椅太硬，你可以垫一个不太高的垫子或者对折的厚毯子。无论如何要记住，胯部比膝盖的水平位置稍高几厘米即可。如果垫子或毯子抬高了你的臀部，就没有必要在椅子后腿处垫东西了。

当我们练习坐姿时，四指并拢位于肚脐下方，双手手掌朝上叠起，拇指稍微相互接触，或者双手放在我们的膝盖上，这样对我们来说更舒服。双臂放松，让肺部自由呼吸。如果你想变换姿势，没有什么能阻止你这样做。没有必要在整个练习过程中完全保持不动。

舌尖轻轻抵住上腭，即上牙膛顶部。这样一来，唾液的分泌就会减少，我们也会更加专注。下颌放松，双唇微闭。简而言之，这么做的目的是在冥想过程中尽可能减少注意力分散并保留尽可能少的紧张感，因为当我们集中注意力时，肌肉往往会紧张起来。

现在，我们将要进行一些正式的冥想练习。

正念呼吸法

几个世纪以来，这种方法一直是练习冥想的经典方法。它成为经典是有充分理由的。日常生活中，无论我们在做任何事情，我们总是有某种感觉。没错，就是呼吸时产生的感觉。另一方面，我们的呼吸与情绪有直接关系，呼吸随情绪而波动。所以，情绪紧张时，我们便呼吸急促，而当我们感到放松或安然入睡时，则会进行深度的腹式呼吸。如果我们想进行活在当下的练习，即每当注意力分散时重回当下，那么没有什么比选择注意呼吸时的感觉更好的办法了。

我们之前介绍的任何一种姿势都可以应用于呼吸冥想的练习，我建议你选择坐姿进行这项练习。因此，你只需选择自己打坐的方式（坐在椅子或垫子上），检查自己的脊柱是否自然挺直，不要过度紧张或放松。双手放在膝盖上，手掌朝上相叠（抬起头），或是左右手掌放在相应两边的膝盖上。双臂放松，令呼吸畅通无阻。

放松下颌，双唇微闭。将视线停留在身前虚空中的一点上，不要强迫目光集中。让舌尖轻轻抵在上腭，即口腔中上牙膛的顶部。

确认好姿势后，请注意你的身体和地面以及椅子（或垫子）的接触。接下来，让你的呼吸保持本来的节奏，不要做任何改变。或许一开始你很难让呼吸按照本来的节奏进行。在这种情况下，你可以在放松的状态下呼出所有空气，然后等待自己呼出空气的身体再次吸入空气。

现在，请注意呼吸时产生的感觉。你只需意识到当你吸气时，空气进入了身体，而当你呼气时，空气离开了身体即可。要记住，你要做的就是活在当下，仅此而已。那么，如果我们突然间意识到自己心不在焉时该怎么办呢？很简单，重新将注意力转移到呼吸上来，即吸气时，我们知道自己在吸入空气；呼气时，我们知道自己在呼出空气。我们能够意识到自己正在呼吸并注意到呼吸的感觉。在一遍又一遍的练习中，我们始终对自己以及我们的思想保持友善的态度。起初，在许多次训练中，你会发现自己总是花更多的时间在胡思乱想上而没有专注于呼吸。不要强迫自己使思想一片空白，冥想并非如此。我们在冥想练习中不会试图强迫某些具体的事情出现在我们脑海中，你只需觉察到你的注意力已经转移到别的事情上并意识到自己已经迷失方向，然后带着温和的态度一次又一次把意识转移到呼吸上来。通过这样的方式，你就能慢慢锻炼负责让自己活在当下的思想"肌肉"了。

如果我们在进行这种冥想练习时用力呼吸，就可能会产生呼吸过度的症状，引发头晕、不安、焦躁、发热发冷或胸闷的感觉。这些感觉都是无害的，但是可以从中看出你并没有被动地跟随你的呼吸节奏。或许你在没有完全意识到的情况下正以某种方式强迫自己完成这样的体验。为了纠正这一点，你需要尝试专注于呼出空气的体验，直到你的身体产生再次吸气的需求。除此之外，请检查你对呼吸感觉的关注是主动的还是被动的。你是主动地关注这些感觉，还是任由这些感觉进入你的脑海，只是被动地接受它们？积极地寻找这些感受会导致过度紧张；第二种态度则会帮助你进步。

练习的变化。如果你很难专注于呼吸的感觉，还会经常分心，那么你可以尝试一些辅助策略，比如，你可以为每一种你所注意到的干扰贴标签。也就是说，如果你意识到自己分心了，就找出让你分心的事情并为它贴上标签：

- 如果进入冥想之后，你开始思考自己未来要做的事情，而你也觉察到自己没有意识到当下呼吸的感觉，就在内心默念"计划，计划，计划……"，贴上这样的标签后再继续感受呼吸，让自己意识到当下的感受。

- 如果你因某种痒痒的感觉而分心，就把这种感觉标记为"痒，痒，痒……"然后重新感受呼吸，感受自己是在吸气还是呼气。

- 如果你的思绪飘到了某段回忆中，同样将它标记为"回忆，回忆，回忆……"，然后带着和善的态度再将你的注意力转回到感受呼吸上来。

另一种应对分心倾向的策略是计算吸气和呼气的周期，比如从 1 数到 7，从 1 数到 10，或者从 1 数到 21。这样一来，完成此项任务就需要付出一些额外的努力，因为我得在关注呼吸的同时计算呼吸的周期。我每呼一次气，就数一个数。如果我在中途分心了，就欣然接受意识到自己分心的事实并重新开始计数。我也可以从"体育解说员"的角度来看，将呼吸时吸气和呼气的动作标记为"上""下""停""上""下""停"等。

无论如何要记住，即使内心期望分心的情况能逐渐减少，也不应强迫这一过程。通过这种温和的、无压力的练习，注意力会逐渐得到提高，分心的情况也会减少。

正念倾听

在之前的葡萄干练习中我们已经进行了正念倾听的练习（当我们在耳边揉捏葡萄干时）。现在，我们来进行时间稍长一些的倾听练习，大约持续 10 分钟。

在这项练习中要感知进入我们意识中的声音，同时要察觉到我们是什么时候开始分心的。所以，只需停留在当下，身处我们想要处于的环境中，只专注于我们听到的声音。

你可以参考上文描述的姿势坐着或躺着练习。

请你摆好冥想的姿势后闭上眼睛，只需感知此刻你察觉到的生理感受。如果你愿意的话，可以简短地进行"居住在躯体中"的练习，在几分钟之内与你的身体建立联系。接下来，请感知那些伴随呼吸出现的感觉，放松地让空气自然流动。

现在，慢慢睁眼，眯起眼睛，必要时可以眨眨眼，专注于你在此刻听到的声音。你只要注意到声音的存在即可，不要试图识别声音的来源或给它贴上任何标签。只需让这些声波轻抚你的耳朵并意识到它们如何在你的脑海中呈现为声音的体验。不要判断这些声音是好听还是不好听，是来自附近还是来自远方，是人发出的还是机器发出的……你只要注意到声音的存在，感知当下听到的声音即可。换句话说就是尝试"活在当下"，即注意到当下的声音。当你意识到自己分心了，即不再专注于这些声音时，请再把注意力转回到这些声音上来，耐心地一次又一次重复这个过程。现在你应该已经知道分心是常见的现象，而非偶发事件，所以我们的思想非常容易焦躁不安，它就像一艘随波漂流的船。带着目的专注于声音并不对其加以评判是维持精神稳定的一种方式，可以使思想进入一种自然的平静状态。

如果你愿意的话，你可以使用某种背景音来完成这项练习，比如类似水流声、雨声、热带雨林的声音等属于自然界的录音。你可以在网上找到许多带有这类声音的视频。我不建议你在进行这种冥想练习时听音乐，尤其不要听你特别喜欢的旋律或者伴有人声的旋律。这并不是说你不能专心听音乐，事实上，这种方式可以让你更好地享受音乐。但是对于这项练习来说，最好还是不要有音乐伴奏（避免你因不必要的注意力分散而难以完成练习）。

两个步骤的不同之处。人们可以通过不同的方式进行正念倾听的练习，不过所有方式的本质都是一样的：察觉声音的存在并意识到这一事实（始终保持温和的态度，这一点你已经很清楚了）。这两个步骤的不同之处在于将这种冥想的练习时间分为两个不同的阶段，它们持续的时间相同。在第一阶段中，只专注于我们听到的所有声音中的一种，例如，钟表的嘀嗒声（或者你在网上找到的视频中任意一种简单并重复多次的声音）。然后，根据上文中标准的正念倾听练习说明，我们开始有意识地关注所有进入我们意识的声音。

步行冥想，正念行走

这项练习是"像老人一样散步"的一种正式化版本，不过其中也发生了一些变化。在行走的同时进行正念练习能够在日常生活中的不同情况下强化我们活在当下的习惯，因为行走比坐姿更容易让我们分心。

对我们来说，为了更方便一些，最好选择一个可以让我们与他人间隔两三米的地方，以便远离他人好奇的目光。

正念行走的概念很简单。如果你愿意，我们可以练习10分钟左右。为此，我们只需站起来并闭眼片刻，与此同时意识到自己的身体存在于当下。进行3次深度的腹式呼吸后，慢慢睁开眼睛。然后，把注意力放在右脚上，注意脚底感受到的压力，再慢慢抬起右脚。当向前迈步时，我们就能觉察到那些每时每刻出现的感觉。于是，脚掌的压力减小了，我们也感受到了身体随之变换的姿势。随后，当我们迈出第一步时，便能再次感受到脚掌的压力。右脚已经实实在在踩在地面上了，现在我们再将意识转移到另一只脚上来，在向前迈出第二步的同时重复有意识地关注那些感觉和动作的过程。通过这种方式，迈出的每一步都得到了有意识的关注。就这样一步接一步，我们在行走的同时专注于当下，注意着每时每刻出现的感觉以及这些感觉如何随着前进而变化。

当我们到达终点时，停下脚步并慢慢转身，然后走回起点，同时也关注着伴随一系列动作而出现的感觉。

就这样一步一步来来回回慢慢走，同时关注着每时每刻出现的感觉。于是，练习的时间不断增加，而我们并没有思考自己走了多少步或还需几分钟才能结束练习。

如果思绪跑到了其他事情上，我们可以在意识到自己分心的同时立刻停下脚步并重新专注于行走的身体感觉。我们始终保持着善意的态度进行正念行走的练习，每当不安的思绪活跃起来时，便一次又一次地重新与行走的感觉联系起来。

正如你所见，正念行走的练习出乎意料地简单，不过它只是看似简单。当你尝试练习时，你就会发现自己有多容易被任何事情分散注意力。但是请不要失望，给自己一些时间并保持耐心和温和的态度，一次又一次将思绪拉回到那些我们选择关注的感受上来。

如果慢速走路让你感到焦虑，你现在最好还是先进行第一章提到的"像老人一样散步"的练习。

神经训练：为日常生活带来平静

既然已经对正式的正念练习进行了"官方"介绍，那么在每章末尾处我会总结一段关于"神经训练"的内容，详细说明该如何完成我所提出的循序渐进的训练计划。正如在第一章中所见，心理训练是拥有健康情绪并摆脱慢性焦虑的最佳方式。

目前，我们已经了解的练习有（②⑥⑧⑨⑩是正式练习）：① 情绪日记；② 有意识的肌肉放松；③ 像老人一样散步；④ 延迟担忧；⑤ 感恩日记；⑥ 居住在躯体中；⑦ 葡萄干冥想练习；⑧ 正念呼吸法；⑨ 正念倾听；⑩ 正念行走。还不错！当然，很显然我们不可能每天都完成以上所有练习。

我的冥想老师总是说我们练习的时间要短，次数要多。这也是我给患者的建议：短时间练习并每天重复多次。何必要对这条好建议做任何改动呢？我们的思想并不习惯这种类型的练习，短时间的练习不会使人过度紧张，让我们可以逐渐适应。

短时间的练习需要持续多久？这取决于你的心情，起初 1～20 分钟都可以（是的，1 分钟也算）。我的许多患者都是从 10 分钟的冥想练习开始的。如果他们的状况恶化了，我们就先安排 1～5 分钟的练习。正如我所说，决定练习时长的关键是你的情绪状态，你可以根据自己的感受调整练习的时长。

那么"多次"具体指多少次？每天应该完成几次练习？如果把你每天将要完成的练习次数所持续的时长相加，刚开始的时候每天花费20分钟就可以了。再往后，你可以增加练习的次数或时长，直到每天的总时长达到45分钟或60分钟。这意味着如果你每次练习的时长为10分钟，那么你每天可以练习两次。最好还是慢慢来，这样我们就可以避免不必要的紧张。

　　日常冥想练习的类型同样也取决于我们的情绪状态和具体的恐惧。在目前所了解的正式练习中，我的焦虑症患者最喜欢的练习是正念倾听。有意识的身体放松、正念呼吸法以及居住在躯体中的练习适合不同的人群：有些人享受其中；有些人则相反。其中的区别通常在于你是否害怕那些生理感受。那些因害怕死亡而陷入焦虑危机的患者，还有那些害怕生病的患者可能会在此类练习中遇到困难。确实，如果关注这些生理感受是开启思维循环模式的一种方式，那么这些让你与身体建立联系的练习就很容易激活这种思维模式。另一方面，我认为很明显的是，这些练习都十分安全：没有人会因为有意识地放松身体、居住在躯体中，或者有意识地专注于呼吸而心脏病发作（或发生其他不幸）。

　　我的建议：如果目前你还没有完成过上述任何一种正式练习[1]，那么现在是时候尝试这些练习了。你可以每项练习都尝试10分钟（在一天中的不同时间段）并看看它们对你的效果如何。这么做并不是要寻找一种可以立刻让你在感到紧张时平息焦虑的

---

[1] 有意识地放松肌肉、居住在躯体中、正念倾听和正念行走。

方法。你应该已经知道这样的方法并没有这种作用。这么做的目的是让你选择两到三种你更愿意完成的练习。如果你的练习时长为 10 分钟，那么一种比较好的组合可能是正念倾听（两个步骤之间存在区别）加上有意识的身体放松；如果你的练习时长较短，你可以再加上正念行走的练习。如果那些涉及关注身体感觉的练习令你感到十分不适，你可以把它们留到以后再练习；在这种情况下，进行正念倾听和正念行走的练习即可。

除了这些正式练习，建议你也做一些上文提到的非正式练习。这么做有利于将正式练习的训练逐渐融入日常生活，我们在日常生活中通常更需要冷静的头脑。

你也可以为自己设计非正式的正念练习。为此，你只需要设立一个目标，有意识地关注你每天例行完成的某项任务。如果你发现自己在任务中分心了，即思绪飘到了内心世界或者你在思考其他事情，那就重新与你当下完成每日任务的感受建立联系。你每天可以选择两种任务并尝试有意识地完成它们。这些任务每天都在变化，使得练习不那么单调。你在这些任务中投入的时间并不计入我所建议的 20 分钟正式练习的时间。要记住，反正你总是要完成这些你自觉选择要完成的任务，因此它们并不属于你日程中的"额外"负担。

除了这些正式和非正式的冥想任务外，建议你继续写情绪日记和感恩日记，像老人一样散步并掌握把担忧延迟至每天特定时间段的技巧，这都是第二章中我们了解过的内容。这些日记可以帮助你更好地了解你的思想是如何运转的，让你对生活中存在的美好事物心怀感激（这总是能够帮助你获取看待问题的角度）。此外，如果你能在睡前花几分钟时间回忆一下你在生活中已经拥有的美好就更好了。你在此花费的这几分钟是非常值得的。像老人一样散步本身就是一项非常有益的练习，它可以帮助你释放压力并打破一些使焦虑长期存在的思考习惯。此外，这项练习还对你的身体十分有益。最后，延迟担忧是一种能力，和所有能力一样，它是可以通过练习提高的。通过延迟担忧，你就不会那么容易陷入思维循环的模式，还可以从中获益。

按照我在这一神经训练中为你提供的计划，你最好在继续阅读下一章之前花 1~2 周时间做一做这类练习，你在这类练习上投入的时间总是值得的。为了急于摆脱慢性焦虑而不断收集信息却从不付诸实践，这种做法对治疗慢性焦虑没有太大作用，反而会让你觉得"这对你没用"。在这种情况下你会失去改变现状的机会。

如果你有阅读的意愿，你最好回顾一下第三章的内容并思考一下思想制造焦虑的方式。考虑到思想的复杂性，第三章的内容可能有些密集，重读这一章可以让你逐渐领会：大部分痛苦并不来自遗传、童年或发生在我们身上的事情，而是由思想根据其自身的规律和条件每时每刻创造出来的。

反思这一点能够帮助我们理解没有什么一定是永恒的，甚至焦虑也不会永远存在。与我们周围的一切一样，思想也是不断流动的。而毫无疑问，这种持续性的变化也是我们认为焦虑同样可以"改变"并远离我们的关键。为此，我们只需友善地接纳焦虑，与焦虑成为朋友并允许焦虑与我们相伴。随着时间流逝，如果持续通过我提出的练习来应对思想，慢性焦虑就会自行离你而去。如果我们与焦虑建立了友谊，甚至还会在某个时刻想起它。

ANSIEDAD
CRÓNICA

第六章
平静思绪：
中级水平

在第二章末尾，我建议将担忧延迟到一天中提前设定好的那1小时内。这个练习对你来说效果如何？你是否可以将担忧先放在一边，到了一天中设定好的时间再开始考虑这些令你担忧的事情？或许你已经能做到这一点了，如果是这样，我为你感到高兴；也有可能这对你而言虽然不是不可能完成的任务，但也有一定难度。

正如我们在上文所见，总是一遍又一遍地思考那些令我们担忧的事情通常只会让我们更加在意令我们感到难受的事情，增加我们的痛苦，而这种痛苦本质上是因为我们不能预防所有想象中可能发生的坏事。

如果你担心上班或赶赴一次重要的约会时迟到了，你会想象1000种可能阻碍你准时到达或在适当的情况下到达的事情。你可以稍微提前（或提前很久）出门来预防其中的某些情况发生。例如，我的一位患者每个工作日总是提前30分钟到岗。他总是担心电池没电、遇到堵车或一长串可能发生的事情（不过这些事情都不太可能发生在他身上）。还有一位患者每天总是固执地思考自己负责的店里可能出现的问题。他承认自己付出了很多努力安排工作，还在家花了很多时间来计划在面对各种可能出现的问题时自己该怎么做。他甚至在销售团队不归他负责的休息日里也会这么做。

我的一位患者还总是担心自己患有的慢性疾病。他总是花几个小时的时间思考如果自己的情况恶化，他该为此做哪些准备。他总是在规划自己的财产并估量自己的人寿保险金，为可能成为寡妇的妻子或许会遇到的问题寻找解决办法。奇怪的是，他的状况在很长一段时间内都很稳定，甚至医生在看了他最近的体检报告后都表现出一定的乐观态度。尽管他来向我咨询时的身体状况还不错，他还是因对未来十分悲观痛苦而无法活在当下。

最后，我还有一位患者总是因为害怕自己失控或精神失常而苦恼。他有侵入性的强迫观念并长时间为自己的想法而担忧，总是在思考自己如何才能摆脱那些想法（见第二章中强迫症的相关内容）。

在这些情况下，乍一看，担忧似乎明显可以帮助我们为可能发生的事情做好准备。例如，如果我们担忧工作方面的问题，提前预估一些事情似乎是有道理的。如果我们担心自己的健康问题以及如果病情恶化自己可能离家人而去的情况，这种担忧似乎也是合理的。如果我们想得太多以至于认为这可能会造成伤害，或者我们总是反复思考奇怪的事情（哪怕我们已经诊断出患有强迫症），同样，担忧似乎也是合理的。

在所有情况下，反复思考似乎都是合理的。毕竟，我们不希望坏事发生在自己或亲朋好友身上。但是这种担忧是思想对我们使的一个小把戏。它令我们痛苦，剥夺了我们的生活，却不能真正帮助我们解决任何问题。这是没有任何价值的痛苦。因此，我所说的第一位患者总是提前半小时到岗，所以他不得不在门口等待办公室开门。几年来，他所预料的事情从未发生过。所有事情都有可能发生，但是回头看看，它们发生的可能性也很小。

前面提到的销售经理也有相似的经历。店里出现的问题都能被很好地解决，不需要他做额外的准备。他预测的大部分问题并没有出现。他告诉我他自己也意识到了他的担忧和焦虑是多么荒谬，这种担忧和焦虑让他每天早上都陷入新的循环，总是在思考无数可能出差错的事情。

那位慢性疾病患者已经考虑到了所有可能出现的问题；他甚至连自己死后的事情都想到了。他意识到每天反复思考这些事情只会令他感到痛苦和悲伤，并不能帮助他改进他已经为所有事情制订好的计划。他目前本应享受不错的生活，因为他的身体状况其实还不错，但是他很久之前已经放弃了这样的生活。

已有好几名专家为我的强迫症患者做了诊断，但是5年来，这名患者的脑海中一直存在着同样的奇怪想法。在内心深处，他知道自己的想法不会令他发疯或强迫他做出任何让他感到恐惧的攻击性行为。但是每当他的脑海中出现"如果……"的想法时，这种疑虑就占据了主导地位，他似乎就忘记了所有他了解的与强迫症相关的内容，开始思考各种各样的事情以图阻止事实上根本不会发生的结局。但这只会让他越来越关注他试图控制的威胁，当然，这个过程中还伴随着痛苦。

了解这种思维循环模式如何让我们反复思考那些令人感到

痛苦的想法，不仅仅是我们需要在思想层面理解的东西。当然，刚开始的时候理解这一点是非常重要的，但是关键性的一步，即改变情况的一步则是验证这种理论，并将它转化为你的个人经验。

在实践中证实这种思维循环模式可以结束，是我与患者会诊的过程中经历的宝贵一刻。当证实了这一点后，患者的眼中闪烁出不一样的光芒，那是意味着事情可以改变的希望之光。正是在那一刻，患者意识到了自己的思想如何引发了那些他十分想摆脱的痛苦。他也在那一刻明白了，那些想法并不如他之前想象中那么可靠或"真实"；意识到了他并不等同于他的思想，而更像在观察这些想法；觉察到了这些想法存在于当下，感知到了它们出现又消失，像现在一样把它们看得太重要是没有道理的。

为了到达思想上这一顿悟的神奇时刻并开始以不同的方式看待事物，你需要坚持不懈地以友善的态度在自己的思想上下功夫。你要忘记这一神奇时刻是否会到来，因为其中的科学道理是：如果你在自己的思想上下功夫，用心观察自己的想法，最终你会理解自己的思想并摆脱不必要的痛苦。

要想获取观察的视角，最好的方法是反思你这一路在情绪日记中记录的东西，回头看看这份资料，研究一下各种情况之间的联系、你对这些情况的想法、你对这些想法的看法以及由这一过程触发的情绪。渐渐了解这些相似的情况如何反复出现，你每次总是因为通过相同的方式应对它们而一次又一次感到不适。

观察最近发生的事情和你无用的担忧，以及许多你所担忧的事情并没有发生的事实，这已经成为逐渐质疑慢性焦虑产生不适的一种方式，而产生慢性焦虑的罪魁祸首就是思想本身。另一方面，要记住，我们也有无法掌控的事情，屈服于这一明显的事实是学会每天心怀谦卑生活的好方法。我在这里强调"心怀谦卑"是因为有时候我们似乎认为自己应该像无所不能的神一样，无论在何种情况下都可以做到任何事情，而如果不能做到这一点，我们就会失败。承认自己是脚踏实地的普通人，拥有所有宝贵的品质，包括人性中最善良的一面，这才是面对日常生活最健康的方式。当我们心怀谦卑并视自己为普通但拥有宝贵品质的人时，我们就可以更好地接受自己的脆弱、错误和局限。这并不是因为我们比其他人要差，而是因为众所周知怀有善意必须从我们自己做起。

另一方面，在强调了我们应当接受很多事情并不完全受我们控制的事实后，或许坚持那些你确实可以掌控的东西还是挺有趣的，尽管很多时候担忧对你来说似乎是最不可控的。你可能认为担忧是有用的，甚至觉得不担忧可能意味着危险。如果你是这样想的，或许你需要回顾一下你的情绪日记，看看你每天焦虑时担忧的事情有多少次真的发生了（你肯定会看到它们发生的次数不多，或根本没发生过）。

我们可能还感觉到担忧是不可控的，一旦开始担忧，似乎就不可能停止。甚至还有可能发生这样的情况：我们脑海中每出现一个想法，我们就会想象到更具灾难性的事情，这又会导致我们反复思考这件事。如果这与你的情况相符，那么只要你将担忧延迟到一天中的另一个时段，你就会发现那些想法并没有它们起初看上去那么不可控。

当你注意到自己开始反复思考某件事时，问问自己是否可以针对这件令你担忧的事情采取某种具体的行动。你可以做出某个决定、让某人去做某事或自己去某个地方吗？如果你认为现在你可以做些什么来应对你一直担忧的事情，那现在就去做，不要犹豫不决。如果你想做的事情是有意义的，那么你关心这件事也挺好。但是，如果你现在不能采取任何具体的行动来应对你所担忧的事情，反复思考这件事只会触发一系列的担忧，导致你出乎意料地更快陷入思维循环的模式，从而增加不必要的痛苦。在这种情况下，我的建议是告诉你自己："好吧，现在想什么都没用；到了该担忧的时候我再思考我能做什么。"显然，如果你长期拥有担忧的倾向，这起初对你来说并不简单，你会执意认为思考这件事十分紧迫。那么你可以对自己这么说"好吧，这是我的思想在作祟"，然后有意识地做一些让自己行动起来的事情（比如，出去像老人一样散步或在家里扫地）。通过这样的方式，你会更容易停止专注于那些通常会令你担忧的事情。事实上，当我的一些患者将担忧推迟到下午的"担忧时刻"时，他们已经觉得没有必要再思考先前令他们担忧的问题了。

接下来，我们将深入研究你与思想的联系，以便逐渐巩固你们的"友谊"。从某种程度上说，接下来的内容是以你完成上述几章中推荐的练习后所获得的经验为基础的。如果你目前还没有完成那些练习，我建议你回到第五章神经训练的部分，花几天时间做一做这部分内容中提到的练习。

感受与思想之间的连接

随着我们的推进，我们会更深入地了解思想是如何制造痛苦的。如果我们找到了问题的根源，就能解决它。

慢性焦虑长期存在所依据的是当你感到难受时与自己的思想而非真正发生的事情（在你想法之外或之内）建立联系的方式。你对自己想法的看法，以及你认为自己与脑海中所有想法的关系，比其他任何事情都更能说明你慢性焦虑的根源。我明白这种说法可能会有些令人困惑，因为要想验证这一点，你必须能够在你感到不适时清楚地意识到自己的想法。我们每个人都有这种能力，但是有些人的这种能力更强。

情绪日记的练习或许可以加强人们对自己想法的认识，但是我也明白这种办法有时会变得很困难，尤其是当你感觉更糟的时候。在这种情况下，思想活动会很活跃，以至于我们很难记住要关注心中所想并避免陷入其中。如果你在完成情绪日记后往往会感觉更糟，这就特别符合你的情况。

接下来提供的这些练习可以培养你观察思想的能力，让你以更健康的方式应对焦虑。不过在这之前，我想向你展示一个思想活动的图解，它可能会对我们的训练有所帮助。

虽然这部分内容看上去有些重复，但其中存在的细微差别依然很重要。目前我们已经谈论了：

1. 我的想法（或想象）。
2. 我认为我的想法（或想象）所代表的含义。
3. 我认为我与自己的想法（或想象）的关系。

你是否在目前我们所了解的这一切中看到了某种联系？请在继续阅读之前花时间思考一下。

在我看来，这种联系就是涉及思想的所有内容中很特别的一部分，即概念性的想法。我的想法是以语言形式呈现的，比如："如果我又感到焦虑了怎么办？我会受不了的。"也有可能以画面的形式呈现，比如看到自己在客厅的角落里害怕的样子。我对自己想法或想象的看法或是我认为自己与这一切之间的关系也都属于思想中概念性的一面，可以通过以下类型的语句来表达："如果我有这样（或那样）的想法，那是因为我的大脑出问题了"；"我无论如何都要停止这样的想法，否则我就会遭遇不好的事情"；等等。

以上所有都属于概念性想法的表达，但是思想包括的内容不仅仅是这些。事实上，我敢说思想最主要的部分并非概念性的部分。甚至可以说，你并不由出现在你脑海中的想法定义，你不是你的思想，也不是你认为这些想法可能代表的含义。

我向一位患者解释了这一切后，他问我："那么，我应该是谁呢？"这是个好问题，我是这么回答他的：最接近自我的是你思想中非概念性的、不以语言表述的、有自我意识的那部分。我所指的这部分思想就是意识,即感知发生在我们周围和内心世界的事情的能力,这种能力让我们更容易与周围的环境以及内心世界建立联系。通过适当的训练,我们可以更准确地意识到在细微的思想层面所发生的事情,从而扩大我们对现在所忽视的方面的认知。[1] 从严格意义上来说,或许并没有什么固定不变的东西可以被我们称为大写的"自我",因为一切都变化无常。但是就目前来看,或许和自我最相似的就是这种意识到发生在身边和我们内心世界的事情的能力。

因此,从这个角度来看,我们的思想似乎分成了两部分:

1. 内心的想法;
2. 对内心想法的感知。

或者换种说法:

1. 我的想法或想象,以及我对自己想法或想象的看法;
2. 对所有想法的认知(见"你不是你的思想"图解)。

我们可以在图中看到担忧可以分为好几个层面,这一点我们已经知道了。如果你害怕自己不期望的事情发生,那么你努力寻找解决方法来避免它发生就是合理的举动。如果你在寻找解决方

---

[1] 有人或许会将这种我们目前没有察觉到的东西看作是无意识的,但是请不要误解我的意思,我在这里指的不是精神分析中所说的无意识。

感受与思想之间的连接

意识

我的想法

我需要找到一种方法来阻止我极其害怕的事情发生

我对自己想法的看法

我无法停止思考！我要疯了！

我觉得我必须针对自己的想法做些什么才能感觉好受些

我需要想个办法停止思考，现在不要再想了！我必须立刻停止这样的想法！

焦虑

内心涌现的想法和情绪的可靠度就像彩虹一样。无论它们看上去多么真实，当我们仔细观察时，就会发现它们并没有存在的实体，最终会像彩虹一样消失得无影无踪。意识就像是空荡荡却明亮的舞台，所有一切都在这里上演。

法的过程中感到非常不安,那么你担心的就不再是你不期望的事情发生,而是你精神错乱或失控的可能性。当你因这种内心的不安而受到惊吓时,就觉得有必要采取行动来避免现在令你感到恐惧的事情(比如精神错乱或失控)。以上都是概念性想法的内容,这些想法变得具有威胁性,就会引发焦虑。然而,这一切都发生在更广阔的意识空间内。因此将思想中概念性和非概念性的部分区分开来非常重要。

有时候,我会通过类比向我的患者解释这种看待思想的视角。我告诉他们,如果你的思想是这个房间(我指的是我们所在的心理咨询室),那么房间里的东西(桌、椅等),我们和可能出入此房间的人、空气、光线或其他我们可以塞进或带出这个房间的东西就是你思想中概念性的那部分,即你的想法和想象、你的想法和想象对你的意义,以及你认为你此时应该思考或想象的东西,而不是你真正在思考或想象的东西,等等。但是和你的思想一样,这个房间不等同于可以进出房间的东西。思想如同房间一样,是一个可以在任何时刻被想法、画面或情绪填满的空旷空间,就像是被各种物品、人(在房间各个角落)或空气(几乎存在于所有没有其他人或物品的地方)填满的房间。和房间不同的是,思想能够意识到存在于自身的东西,可以觉察到自己的存在,而且很显然,思想并没有墙壁、地面或房顶。而房间本身并不能意识到进出房间的东西,这就是这个类比中二者最大的区别。思想来自那个可以被任何想法(或画面)填满的空间以及在某一特定时间内对这个思想空间内存在的想法的清晰认知。因此，所有涌现在你脑海中的想法或情绪最终都会消散得无影无踪。如果我们在关注自己内心想法的同时不陷入思想的马戏团想要告诉我们的故事，这种情况迟早会发生。

当你能够以善意的态度接受内心的任何想法且不任由自己陷入其中时，你就一定能摆脱慢性焦虑。以后你只会像一个"正常人"一样感到焦虑或恐惧，只有在生活中面对真正的威胁时才需要这样的情绪。一旦你安全了，就会平静下来，就像我们前文中提到的非洲斑马一样，证实了生活仍将平静地继续下去，仅此而已。

这种解释或许可以让你明白，意识到每时每刻的想法且不陷入其中是多么重要。然而，我知道如果你目前还没有观察思想的习惯，你可能会觉得这个解释很奇怪。如果你是这么认为的，请不要担心。有些读者会通过这个解释搞清楚一些事情，但也有些读者没明白。如果对你来说这个解释并没有为你解惑，那也不用在意它，不用管它。通过将我接下来提出的练习付诸实践，你会逐渐明白这一理论性的解释。请记住，我现在谈论的是思想中非概念性的部分，很难用语言表述这种本身就不以语言呈现的东西。另外，还有人可能通过不同于我所说的心理体验了解了这一非概念性的部分，这也是非常有效的方法。

截至目前，我们一直在进行的许多练习（不仅仅是情绪日记）可以帮助我们了解思想的方方面面，因为你对自己、自己的身体和自己的想法越了解，你觉察到自己思想意识的能力就越强。接下来你会看到一些在这一观察思想的训练中对你有所帮助的练习方法。

思想守门人

如果想获得观察思想如何运转的经验，我们可以在每天较为平静的时候花几分钟时间进行两次这样的练习。为此，你可以设一个闹钟提醒自己做练习，比如，可以设在快到中午或下午的时候。当闹钟响起时，你只需要花几分钟时间通过回答以下问题来观察自己的想法：

1. 你现在正在想什么？
2. 对你而言这种想法意味着什么？
3. 你觉得这项练习无聊吗？
4. 你是否认为这项练习因为某事发生而进展顺利？
5. 你是否认为这项练习因为某事发生而进展不顺？

通过这项练习，我们可以停下来观察思想以便了解当下正在发生的事情，就像是暂停 5 分钟来观察思想的空间。我们在观察自己的思想，如同我们在某一刻抬头观察天空一样。我们允许那些想法出现在脑海中并感知到了它们的存在，但是我们不采取任何行动来挽留或驱赶它们，就像我们不会采取任何行动来留住或控制我们在天空中看到的云朵一样。

这项练习的关键是训练观察思想的能力而不对想象中发生的事情做出反应。你也可以想象自己是一家舞厅外具有专业素养的门卫，知道自己的位置就在门口，看着人们进进出出但不掺和到任何人的事情中，对任何挑衅和暗示都无动于衷。你观察着正在发生的事情，但不会因为想象尚未发生的事情而分心。你很专注，但也很放松，既不紧张也没有压力，不会感到困倦或和发生在你眼前的事脱节。你只是带着善意的态度待在你所在的地方。你可以通过这种方式观察你的思想和出现的想法与情绪，意识到发生的事情、你的想法或感受，但是不被以上一切所代表的含义左右。

如果你在情绪紧张的时候进行这项练习，你会发现观察自己的想法对你来说更困难了。但是如果你在相对平静的时候进行这项练习，效果会随着你的练习变得越来越好。训练观察思想的能力且不迷失于其中，可以让你在未来更容易通过一种更强大的方法应对慢性焦虑。

正念与自由联想

这项练习为我们提供了一个很好的机会来逐渐了解思想运转的方式，改变我们在未保持健康距离的情况下将想法和感受融合在一起的倾向。这对我们摆脱问题情绪非常必要。

如果我之前谈论的是当我们感到不适时，控制我们想法或想象的企图对我们造成的伤害，那么这项练习把我们带到了一个相反的方向：对我们的想法或想象不采取任何行动，什么也不做。本质上来说，这个任务和上文中"思想守门人"的练习是一样的，但是在这项练习中，我们会通过一份词语表来指导练习。这些词语可以让我们产生各种各样的想法。

这项练习致敬了作为心理治疗大师之一的西格蒙德·弗洛伊德,因为这项练习将自由联想作为其本身的一部分,尽管这个想法起初并不来自他(我认为,作为那个时代伟大的创新者,他会很乐意看到我们为了科学的进步再度将他的知识遗产利用起来)。

表 4. 正念与自由联想(I 级)

1. 枕头	16. 大象	31. 山
2. 鳀鱼	17. 花朵	32. 橘子
3. 树木	18. 饼干	33. 云
4. 鲸	19. 猫	34. 数字
5. 瓶子	20. 帽子	35. 熊
6. 自行车	21. 蚂蚁	36. 单词
7. 纽扣	22. 冰	37. 电影
8. 围巾	23. 纸张	38. 人
9. 马	24. 房间	39. 小碟子
10. 茅屋	25. 花瓶	40. 沙发
11. 衬衫	26. 汁水	41. 太阳
12. 歌曲	27. 钥匙	42. 声音
13. 恐龙	28. 月亮	43. 乌龟
14. 星星	29. 苹果	44. 葡萄
15. 火炉	30. 枕果	45. 母牛

要完成这项练习，你可以慢慢阅读表 4 中出现的词语并观察每个词语让你联想到了什么。在每个词语上都停留几秒钟时间，读出这个词语并了解它的意思，然后任由自己想象。让自己的思想朝任何方向延伸；看到每个词语时产生任何想法都可以，没有任何类型的限制。这就是自由联想。因此，你唯一的任务就是把每个词语都看一遍，并观察它们在你的思想中都是怎样再度呈现的。不要以任何方式引导你的反应，只需在进行练习的同时意识到你自己的想法。

我在表 5 中列出了针对这项练习的一些替换词。这些词语都带有情感色彩，所以要做到不被每个词语使你联想到的事情所"左右"可能会更难。你可以尝试一下这项练习，看看它对你的效果如何。如果你发现这项练习对你的情绪产生了影响，最好还是以后再进行这项练习。

表 5. 正念与自由联想（II 级）

1. 抛弃	16. 沮丧	31. 卑微
2. 虐待	17. 孤独	32. 欢乐
3. 惊吓	18. 暴怒	33. 罪责
4. 懦弱	19. 平静	34. 依赖
5. 难过	20. 担忧	35. 耐心
6. 幸福	21. 消极	36. 溃败
7. 疲惫	22. 愤怒	37. 疼痛
8. 焦虑	23. 欺骗	38. 气馁
9. 复仇	24. 悲伤	39. 绝望
10. 羞愧	25. 急躁	40. 迷茫
11. 宁静	26. 怀疑	41. 痛苦
12. 背叛	27. 希望	42. 死亡
13. 恐惧	28. 无能	43. 遗憾
14. 失败	29. 误解	44. 黑暗
15. 脆弱	30. 不安	45. 失望

凭借我们从上述练习中获得的经验，现在我要设计一种正式的冥想练习来训练我们在感知自己意识的同时不陷入其中的能力。和所有能力一样，这种能力可以通过练习得到发展和完善。

要进行这种正式的冥想练习，你需要找一个舒服的姿势并在 20 分钟左右的练习时间内保持一种放松而专注的状态。

接下来，请闭上眼睛，用 1 分钟的时间与你的身体建立联系。为此，你只需记住你的身体就在此地，并注意你与身体建立联系的感觉。

现在，把注意力集中到呼吸上来。你只需感知空气如何进入并离开你的身体，知道每时每刻空气是在进入还是离开身体即可。

两三分钟后，将注意力集中在你听到的声音上。就像我们所做的正念倾听的练习一样，只需关注当下的声音即可。不要以任何方式给声音贴标签或分类，只需感知它们的存在。也不要通过各种事情去判断声音是悦耳的还是讨厌的。出现的每种声音都是受欢迎的，因为这是一个让我们意识到它存在的好机会。如果你发现自己分心了，注意力已经转移到了其他事情上，你就要立刻意识到自己已重新与当下建立了联系，只专注于存在于当下的声音。继续进行大约 5 分钟的正念倾听练习。

现在，慢慢睁开眼睛，保持眯起眼睛的状态并将注意力转移到脑海中涌现的想法上来，就像你在"思想守门人"或自由联想的练习中所做的那样。现在请以和你注意到声音的出现与消失一样的方式，感知出现、涌动并消失在你思想空间的想法。不要采取任何行动来改变或清除这些念头。相反，请任由它们存在于脑海中并意识到它们的存在。你肯定迟早会被这些想法所诱惑并陷入其中。当你意识到自己不再以公正的视角观察自己的想法时，就是重新保持你与想法之间的距离的时候了。"你并不是你的思想"指的是意识到脑海中出现了何种想法但并不被这些想法左右；我们观察它们是如何出现和消失的，但并不参与其中。甚至有时在保持一定的距离进行观察后，那些想法就消失了，你的脑海就会一片空白。这既不是好事也不是坏事，只是有时会发生这样的情况。在这种情况下，尽量不要让自己分心，尽管没有可观察的想法，也请你试着继续感知当下的一切。你要意识到自己存在于当下，让你的思想在当下的意识中放松。

大约 15 分钟后，将你的注意力重新转回到声音上并持续片刻，然后再专注于放松地自然呼吸时产生的感觉。两三分钟后，这次冥想练习就结束了。

在开放意识中平静下来

这是我从明就仁波切那里学到的众多练习方法之一。他将这项练习称为在开放意识中平静下来，尽管看起来很简单，他依旧强烈推荐这种方法。

他通过许多不同的例子解释了在开放意识中平静下来是什么意思。其中一个例子是这样的：试想你大汗淋漓地爬到了山顶。到达山顶后，你坐在一棵树下，看向广阔无垠的风景，同时深呼一口气："啊——"呼出这口气后你平静了下来。此时你并没有想到你爬上山顶所付出的努力或接下来要做什么。你只是在当下平静了思绪。这就是所谓的在开放意识中平静下来。你没有以任何方式阻碍或改变你的体验，只是放松地意识到自己身处当下，没有分心。

在将思想类比为房间的例子中,"不要专注,不要分心"指的是意识到房间所包含的空间,但不关注房间里的任何物品或人,甚至也不在意房间里的空气或光线。它指的是感知我们的意识,即我们拥有这种意识的事实,但不采取任何行动来改变我们所拥有的体验,拥抱当下感受到的体验即可。

为了进行这项练习,请你采用一种舒适的冥想姿势,不要太紧张,也不要过于放松。你可以按照正念冥想练习中说明的准备工作做好准备。这里的不同之处在于:不观察那些想法,只是尽量不让自己分心,保持对当下的感知,但是不将注意力集中在任何具体的事情上,既不关注想法,也不关注生理感受。事实上,我们任由这样的体验自由流动,唯一的目标就是不分心,保持清醒和放松的状态,只需意识到对当下保持清晰的认知。

为此,我们开启了所有的感官,不以任何方式操纵或阻碍我们的体验,让一切都保持现状,不特别关注任何事情。与此同时,尽量不分心,不迷失在自己的思想中,也不让自己陷入练习过程中可能出现的情绪或想法之中。我们以善意的态度允许它们存在,但自己不会迷失其中。

如果你像我的某些患者一样,发现这项练习对你来说有些困难,不要认为你的想法是错误的。这项练习只是表面上看起来简单。我们总是习惯性地企图控制自己的心理体验,以至于通常很难认识到如何停止这么做。为了让一切变得更容易,你可以在短期内进行"不要专注,不要分心"的练习,并经常交替进行类似感知声音或生理感受的其他正念练习。

你进行任何类型的正式冥想练习时,请时不时穿插进行一分钟或更短时间的"不要专注,不要分心"的练习。如果之后你渐渐适应了这项练习,你就可以逐渐延长练习的时间。

一天中,你也可以像进行非正式的冥想练习一样多次进行持续几秒钟的"不要专注,不要分心"的练习。你只需觉察到自己对当下保有清晰认知的事实即可,不要专注于任何感觉或想法,仅限于活在当下,保持不分心的状态持续 10 秒 ~ 20 秒。然后让这种体验自行消失,不强求任何事情。

神经训练:观察思想但不迷失其中

本章中的练习通过让我们与自己的想法保持健康的距离来帮助我们意识到自己的想法。可以这么说,这些练习帮助我们意识到了我们并不等同于自己的思想,而是更接近于我们思想中能意识到自身想法的那部分。

你可以在 1 周内每天尝试进行 30 分钟的正式练习。你可以花 20 分钟时间继续进行我们在上一章"神经训练"中提到的正式冥想练习,再加上 10 分钟进行分为"思想守门人"和"正念与自由联想"两部分的日常练习(比如,在每项练习上各花 5 分钟时间)。

之后,你可以进行一项为期 3 周的练习,每天至少进行 20 分钟的正念冥想练习。在冥想中,你主要练习的是感知自己的想法,但是同样也会练习对声音和生理感受的正念感知。此外，你也可以在冥想中穿插进行短时间的"不要专注，不要分心"的练习。

在这 3 周内，你可以将每天正式冥想剩余的 10 分钟时间用于上一章"神经训练"中提到的两种正式冥想练习（无论你喜欢哪种都可以）。如果你对任何一种练习都没有特别的偏好，你可以将这部分额外的时间花在正念倾听的练习上，在以正念倾听为主的练习中穿插进行短时间的"不要专注，不要分心"的练习。

除了我建议的每天 30 分钟的正式练习外，最好继续进行我在上一章中提到的非正式练习。另一方面，你也可以完成那些正念思考的练习。要做到这一点，你只需时不时停下来感知一下自己的想法，不要试图以任何方式对自己的想法做出改变，就像观众是被动地看电视一样（当然，不要迷失在其他的事情中）。这些停顿可以持续几分钟或更短的时间。记下这种练习，每天时不时花几秒钟时间做一做这样的练习也有好处。

通过这一"神经训练"开始进行的练习可以帮助你从不同的视角看待自己的想法，使你更容易将令你担忧的事情延迟到其他时段，正如我们在前几章中所推荐的一样。或许，继续进行延迟担忧的练习并将其与本章的冥想练习结合起来是很有趣的事情。

除此之外，你要继续进行前几章中你最喜欢的练习，但是我想特别强调一下进行心怀感恩的练习（见第三章）并回顾第二章和第三章内容的作用，从而能够逐渐确信我们的思想与正常的焦虑转化为慢性焦虑的过程之间存在密切的联系。

我们可以通过了解我们的思想让自己感觉更好，培养我们对这一点的信心恰恰可以调动能够改变一切的强大力量。我们没有任何先天缺陷或因遭受焦虑而导致的遗传缺陷；带着善意的态度深入了解对自身想法的认知且不被我们的发现左右，这才是解决难题的方法。所有的情绪和想法都是暂时的；如果我们给予它们存在的空间并好好观察它们，不试图改变它们或陷入其中，那么最后它们都会消失得无影无踪。

ANSIEDAD
CRÓNICA

第七章
平静思绪：
高级水平

在第五章和第六章中,我们开始了活在当下的正式练习(带着善意的态度),逐渐了解了我们的思想以及使它平静下来的方式。在之前的章节中,尽管我们谈论了许多关于慢性焦虑及其在思想中如何产生等内容,但在情绪方面几乎没有做过什么实际的努力。

基于对慢性焦虑的了解以及在之前的练习中获取的经验,本章将全心投入目前来说最重要的问题——如何摆脱慢性焦虑。我的许多患者来咨询时都急着想知道当焦虑出现时该如何应对。有时候,他们似乎希望从我这里得到一种神奇的秘方,一种能够消除所有"讨厌的"焦虑痕迹的诀窍;如果可能的话,最好有立竿见影的效果。

不幸的是,事情并没有那么简单。但是,一旦完成了上述章节中的练习,我们确实可以直接面对焦虑,使它不再是一个问题。接下来要讲的就是这类练习。

(请允许我再强调一下:如果目前你还没有做过第五章和第六章"神经训练"中推荐的练习,那么还是强烈建议你回头按照提供的计划做一做这些练习。在没有前期训练的基础上进行本章中提到的练习可能会得到与预期相反的结果。)

如果不起作用，就尝试不同的方法

如果说焦虑是一种生存必需的情绪，那么当它长期存在时就不再算是一种健康的情绪了，反倒变成了一个问题。你肯定已经尝试通过各种方式解决这个问题，但是目前为止还没有一个完全奏效的解决办法。

当我们过于担忧时，我们所使用的方法就是失败的，也就是说，这种方法非但没有解决任何问题，反而使情况更糟糕了。正如我之前所说，当我们担忧某件事时，对于准备不充分的恐惧会使我们为了不出意外而思虑过度。这正是我们所尝试的失败的解决方法：我们不停地思考，认为这样就可以防止某些问题或威胁出现。这是一次失败的尝试，因为对可能出问题的事情或如何避免这些事情思考得越多，我们就越会意识到事情具有威胁性的一面，对危险的觉察超出了合理的范围。

在某种程度上，这就好比我们不想让内心最害怕发生的悲剧性事件以画面的形式清晰地呈现在脑海中，仿佛看到这样的画面是极其糟糕的事情，以至于我们需要让自己的脑海中充满应对措施和替代方案以避免这种可怕的结果。或许这就是为什么当我们真正因某种可能性而受到惊吓时，有时会对自己说："我甚至都不愿意想象这样的事情。"然而，那些令我们感到苦恼的结果最后很少发生。此外，如果事情真的发生了，很有可能我们之前所做的任何努力都不能阻止它。

正如我那位在店里做销售经理的患者所证实的一样，许多他想象中可能会出现的问题从未发生过。在回顾了几周前就预测到的所有问题后，我们发现其中大多数问题都没有出现。而出现的问题都得到了合理解决，对店里的业绩也没有太大的影响。我们常常在感到痛苦时为应对想象中的问题做好更充分的准备。因此，正如人们常说的，如果一个问题有解决方法，为什么要苦恼呢？如果问题没办法解决，苦恼又有什么用呢？

我那位担心自己过早死亡的患者意识到自己无法停止为死亡做准备（研究新的人寿保险、制订结清抵押贷款的计划等），他总是一遍又一遍地检查自己的准备工作。他自己也认为该计划的都计划好了，所有一切都井井有条，但是他就是无法停止对细节的思考和担忧。事实上，他被困在了这种过分且重复的担忧中，以至于感到的焦虑多于平静。他在内心深处意识到了这种为最坏情况做准备的解决方法对自己并不起作用。最"坏"的情况就是他会在50岁时去世，这比他认为的"正常"死亡年龄要小得多。事实上，任何人都不想思考与自己或亲朋好友的死亡相关的事情。但是，一旦你寻求专业人士的帮助并采取了常识性的基础预防措施，死亡就不是可以讨价还价的事情了。无法接受这样的事实并执迷于逃避死亡或不让死亡以任何方式影响到自己所爱的人，那么活着就等同于死去。再次强调：如果一个问题有解决方法，为什么要苦恼呢？如果问题没办法解决，苦恼又有什么用呢？

一位患者有伤害所爱之人的强迫性想法，他总是花很多时间试图摆脱那些一遍又一遍侵入自己脑海的想法，坚信让这样的想法侵入脑海是很危险的事情：他认为自己可能会失控，最后会对所爱之人做出攻击性的行为。他总是会与这些想法纠缠好几个小时，通过避免思考"坏事"和试图思考"好事"来抵消那些他无法避免的事情。最后他并没有意识到那些强迫观念设下的心理陷阱。他失败的解决方法恰恰是装作好像那些强迫观念可以控制一切的样子，这些观念把他变成了一个杀人犯，而这一切使他感到恐惧。他被这样的想法折磨了十几年，但他从未到达失控的地步。不过他确实采取了许多预防措施避免自己失控，这要归功于他在担忧这些问题上所花费的时间。但同样可以肯定的是，没有人会"一不小心"成为杀人犯，那是违背其原则的事情。

然而，从严谨的科学角度来说，我必须承认每个人都有患上脑部疾病的可能性（比如脑部肿瘤），这样的疾病会改变我们的行为并产生悲惨的影响。发生这种情况的可能性很小，但也不是没可能，而且这种情况是我们无法控制的。我记得当我作为一名临床心理专家接受培训时，有一个案例给我留下了很深刻的印象，这个例子很好地说明了我们为何不该希望掌控生活中的一切。这个例子的主人公是一位过着正常生活的男性，生活中的一切都井井有条。他是个有责任心、工作勤奋的人，已经和相恋多年的女友订好结婚的日子。然而他在一场摩托车事故中撞到了头部，一切都改变了。几个月后，他出院了，从此他的人格开始发生了翻天覆地的变化，使他变成了我认识他时的样子。他辞去了工作，吸毒嫖娼，一点也不想遵循之前的生活方式。事故发生后，一切都变了：他所遭受的脑外伤损坏了大脑中负责控制冲动的区域。事故发生时，或许因为一辆距离他很近的卡车经过时产生了振动，他从摩托车上摔了下来，他唯一的错误就是没有戴上本可以保护他头部的头盔。重申：如果一个问题有解决方法，为什么要苦恼呢？如果问题没办法解决，苦恼又有什么用呢？

除了过度担忧或试图阻止我们的想法，其他为解决问题所做的失败尝试还包括回避令我们感到焦虑的场景或人。我的一位患者总是害怕在街上摔倒，特别是当他独自一人时。他尤其害怕某条街道，有一天我们一起去了那里，他告诉我，那个十字路口尤其令他感到难受，因为他害怕在那里摔倒然后被车撞到。显然，这种焦虑状态使他开始呼吸过度，从而使他产生晕眩和不安的感觉，所以他害怕摔倒后被车撞是有道理的。然而，回避那条街道显然是失败的解决方法，因为虽然他经常出现失去平衡的感觉，但他从来没有摔倒过。他的恐惧随着他不断回避这类场景而加强，从而使他认为自己的生活越来越受限。因此，回避可怕的场景是一种失败的解决方法：非但没有解决问题，还使情况更严重。

当我们回避令我们感到焦虑的人时也会发生类似的事情，例如，回避某位经常取笑我们的同事时，情况会变得越来越具有威胁性。他的嘲笑不是能够直接烫伤我们的开水，对我们产生的影响在我们允许的范围内。如果我意识到了那位同事的玩笑可能在我脑海中触发的思维循环，我就可以停止这种循环在我身上引发的情绪反应。当然，当情况超出相应的限度时，我也总是可以选择采取行动并举报同事的行为。

对于由焦虑和恐惧引发的问题，回避是一种完美而失败的解决方法，可能会以十分微妙的方式表现出来。我有一位具有攻击性强迫观念的患者，他在冥想练习中的表现就是很好的例子。当我教给他一些我们在上文介绍的冥想技巧时，他便按照我的说明开始应用这些技巧。至此，一切都很顺利。事实上，有一天他来进行咨询时特别平静，那种平静给人的感觉就像一切尽在他的掌控之中。但是，在详细讨论了他具体的练习方式后，我发现他已经开始将冥想当作抵抗强迫观念的一种解药。冥想已经变成了他列表上一种新的仪式。当强迫观念出现时，他就需要通过冥想来消除这些观念。他告诉我，当他冥想时，会建立起一堵墙，将强迫观念隔绝在脑海外。实际上，尽管他做了我建议的练习，这仍旧是一种失败的解决方法（可以肯定的是，这些练习已经通过微妙的方式变成了另一种东西）。在建立起"心墙"来阻止那些强迫观念后，他依旧认为那些观念是很危险的，这样的想法依旧在渐渐滋长。如果将强迫观念隔绝在墙外，就不能证明任何强迫观念都不会导致你采取违背自身意愿的行动，因为你仍然对自己的想法充满恐惧。

有时，想通过滥用酒精或服用远超过医生规定用量的抗焦虑药物来直接消除焦虑也是失败的解决方法。酒精和抗焦虑药物都是可以强有力缓解焦虑的化学物质。问题在于，它们除了可以暂时缓解焦虑之外，并不能解决任何问题。当化学反应消退时，如果我们没有好好处理那些将焦虑转化为慢性焦虑的心理机制，焦虑迟早会卷土重来。你应该也能猜到，以这样的方式直接处理焦虑问题的风险就是对这些物质上瘾。随着你持续服用这些物质，它们的效果会逐渐减退，你就需要服用更多的剂量。另一方面，当身体排出这些物质时，如果身体已经对它们产生了依赖性，仅仅是戒酒或戒药也会使你感到焦虑。想通过摄入更多的化学物质来平息这种戒断反应是一种危险的愿望，这会形成另一种非常危险的循环，导致你依赖并滥用这些物质。

另一种可以替代滥用镇静剂的选择（同样是失败的）是当我们感到痛苦时，向能让我们平静下来的人寻求帮助。显然，当我们感觉难受时同亲朋好友交谈或在必要时寻求专业人士的帮助并不是我在这里所指出的问题。这里的问题在于，每当我们感到痛苦时都去寻求某人的安慰，如此反复，就像每次都需要服用镇静剂的人从不为了找寻真实的自我而思考自己生活中或内心世界正在发生的事情。一位总是向不同的医生咨询相同症状的患者就是很好的例子，他每次在医生那里都得到了类似的答案："你身体非常健康，不要太担心了。"另一个例子是我的一位患者，他经历了各种痛苦的治疗，最终发现自己之前被误诊为癌症了。在经历了这一漫长的治疗过程后，他感到十分焦虑，总是担忧这份排除癌症的诊断是否也是错误的。每当他有异常的感觉时，比如身上某颗痣发痒或有其他任何无关紧要的感觉，他就需要他作为"镇静剂"的伴侣向他解释目前所有和他相关的治疗进展，这些事情他都知道，但是他需要再听一遍才能缓解自己的痛苦。正如对镇静剂成瘾一样，为缓解自己的痛苦而寻求伴侣（或其他人）的帮助可能会导致一种不良的依赖状态。你为了缓解焦虑采用这种策略的次数越多，这种情况就越严重。所以这也是一种失败的解决方法，因为它没有真正解决你的焦虑问题，而是让你变得更依赖别人、更加脆弱。

正如你所见，失败的解决方法有很多。因此，如果你长期感到焦虑，最好深入调查一下哪些是你最喜欢的"解决办法"，因为很可能这些办法都不会奏效。如果它们有用，你肯定早就摆脱焦虑了。因此有必要尝试一些真正不同的方法，即我们接下来将会看到的方法。

与你善良的一面建立联系

当我在治疗中遇到一些长期与焦虑抗争的患者时，我经常感受到一种额外的温柔。慢性焦虑是一种令人非常难过的情绪，会导致巨大的痛苦。有时，由于慢性焦虑所造成的限制，甚至会深深伤害一个人的自尊，让人感觉脆弱、失败或有缺陷。

这些负面情绪实际上成为慢性焦虑的一部分。因此，与我们基本的善良建立联系是很重要的，所有人都希望能够获得幸福并远离痛苦。我们和所有人一样，都可能在寻找安宁与平静的道路上遭受痛苦并迷失其中，认识到这一点可以使我们拥有一个宝贵的情感空间来获取视角并停止对自己施加过大的压力，减轻愧疚感和羞耻感。

从这个意义上说，花时间培养对我们自己的同情是非常值得的。但是你要清楚，我在这里所说的同情指的不是为自己感到难过，而是表达希望能够摆脱痛苦的愿望。你可以通过一个例子来理解我在这里所说的同情是什么意思。这个例子说的是当孩子在公园摔倒时，和蔼可亲的母亲或父亲过去安慰他时的态度。假如孩子没有受伤，温柔的父母也会轻声细语地安慰他，给他一个温暖的拥抱和吻。如果父母都是比较老派的人，他们甚至还会唱以前哄小孩的歌谣给他听。这就是我所指的那种同情。

很容易猜到，相较于我们跑过去大喊大叫地指责孩子，最后因为孩子摔跤还在他屁股上打一巴掌而言，以上所述的做法对孩子的影响是非常不同的。虽然我们不具同情心的行为是出于对孩子受伤的恐惧，但这么做的结果肯定适得其反（孩子会因为我们的态度遭受更多痛苦）。

和那个孩子一样，当我们感到难受时，最不需要的就是进入自我贬低的循环，把遇到的所有困难都归咎于自己。因为感觉难受而惩罚自己只会让我们感觉更糟糕，没有任何积极的作用。如果父母责备那个摔倒的孩子从来都不知道当心些，认为他就是个大麻烦，屁股上该挨一巴掌，那么这个孩子就会经历类似的事情。因此，培养对自己的同情很重要，尤其是当我们遇到困难的时候。

接下来在专心解决焦虑问题之前，我们先来了解一些冥想技巧，这些技巧有助于培养我们对自己善意的态度。这种对自己的善意本身就有治愈的作用。此外，它也是我们之后应对焦虑和恐惧的坚实基础。

慈悲冥想法

到了这个时候，我想我也不必太过坚持让你接受我们的思想就像一个玻璃杯的事实。玻璃杯清澈而透明，呈现出与我们倒入杯中的液体相同的颜色。如果我们以思想为例，根据脑海中出现的想法或画面，尤其是它在我们身上引发的一系列反应，我们所经历的情绪也会是如此。如果你认为你的思想失控了，觉得自己可能会发疯，那么你肯定会感到恐惧；如果你坚信你的任何想法都不会让你精神错乱，你就不会感到恐惧，无论脑海中出现怎样的想法或画面。

其中好的一面是，当你的脑海中出现了与爱、善良、同情或友谊相关的想法或画面时，情感的基调就转变成了强大的积极情绪。我在课程中讲过很多次我刚开始做练习时遇到的趣事，下文中我会讲到其中涉及的一些练习技巧。在某个训练阶段，你需要练习想象一位对你来说"无关紧要"的人，你对这个人没有任何特殊的感情。经过仔细考虑，我选择了一个我每天散步时都会遇到的人，他总是穿着蓝色的运动服。我几乎没怎么注意过他，他也从来没特意跟我说过话。在以他为对象进行了几天慈悲冥想后，我在散步时又遇到了他（我们并不经常相遇）。那一刻，我感到了一种真正发自内心的喜悦。我与他仍然没有交集，但是现在他对我来说似乎更加亲近友善了。这一发现令我感到很惊喜，并激励了我更加深入地进行这种冥想练习。我将在下文向你介绍这种方法。

开始练习时，请选择一种舒服的姿势，让你的脊柱保持直立的状态，但不要紧张。如果你感到紧张或不安，也可以躺下练习。眯起你的眼睛，不要盯着任何东西，注意自己身体的姿势。深呼吸两到三次，注意身体吸入和呼出空气的感觉即可。注意伴随呼吸产生的感觉并任由呼吸跟随其自然的节奏，不要用力呼吸。让你的思想集中在当下，不专注于任何特别的感觉或想法，持续一两分钟后结束这一准备阶段。

当你注意到自己的思想稍微平静下来时，你就可以花时间回想一些能够说明你内心已存在基本善意的瞬间，这种基本的善意是你真实本性的一部分。只要有获得幸福和摆脱痛苦的渴望，就可以证明自己拥有这种基本的善意，想要将它展现出来。投入时间来培养善良和同情的行为本身就已经说明了你善良的本性。

几分钟后，在认识到基本的善意是人类本性的一部分后，想一想某个之前对你很好的人（比如某位老奶奶或小学的某位老师）。你一想到这个人，就会感觉很好。也可以在这一冥想练习中想想你喜欢过的宠物。在这项练习中最好不要想起带给悲伤回忆的亲朋好友。

一旦你想到了那个对你很友善的人或宠物，请根据自己的喜好选择低声重复或在心中默念这两句话：

- "愿你快乐并拥有快乐的理由。"

- "愿你摆脱痛苦和痛苦的源头。"

根据目前所了解的关于冥想的知识，我们尝试身处于当下并感知当下，不对发生的事情做任何评判。我们只是明白这两句话及其真正的含义，像许愿一样不断重复这些话，但是并不提出任何要求。就像当我们还是天真的小孩时在生日那天吹灭蜡烛，坚信只要完成了这个仪式，我们的愿望就会实现。

有人发现想象向某种至高无上的存在许愿是有帮助的，比如向上苍或宇宙意识许愿。事实上，你不必有任何特殊的精神信仰，只需试着祝愿对方能够获得幸福并摆脱痛苦就可以了。随着你许下这样的愿望，你的情绪可能会通过某种方式被触动。这既不是好事，也不是坏事，只是有时会发生这样的情况。无论如何，当你花了几分钟时间认真且平静地重复了这些话后，就让这两句话消失在脑海，同时观察这种想要对方获得幸福并摆脱痛苦的愿望是如何被激发的。片刻过后，让你的思想继续处于觉知当下的状态中。不要试图将注意力集中在任何感觉或想法上，只需尽量保持身处当下的状态，不要分心。

稍等一会儿后，你可以再在脑海中重复这两句话，表达你希望那个对你友善的人或宠物能够获得幸福并摆脱痛苦的愿望，继续进行我们之前介绍过的步骤。

你可以进行10分钟左右这样的冥想练习。如果这对你来说很困难，你可以先缩短练习时间，当你感觉舒适时再逐渐增加练习的时长。

渐渐地，我们可以将这种对于获得幸福和远离痛苦的渴望延伸到其他人身上：

- 其他对我们友好的亲人和朋友。
- 无关紧要的人（比如我上文提到的那位穿蓝色运动服的先生）。
- 曾与我们有过节的人。
- 你自己。

为了好好完成训练，应该从对自己来说最简单的步骤做起。有人发现自己很难为母亲或其他那些按理说应该很亲近的人许下幸福的愿望，甚至也很难为自己许下这样的愿望。在这种情况下，重要的是选择从简单的步骤做起，然后逐渐增加难度。

当我们采用其他的方式时，稍稍改动一下话语使其适合我们祝福的对象即可。如果你认为以上两句话有些虚伪，你可以自己组织语言，使你内心更容易产生希望自己在这一冥想练习中想到的对象能够获得幸福并摆脱痛苦的愿望。重要的是你赋予这些话语的意义，而不是这些话语本身。

如果生活中有人曾对你造成了很多伤害而你至今仍然对他怀恨在心，或每每想起他时都会感到愤怒，那么对你的情绪健康来说，努力宽恕对方就具有重大意义。我在《向生活敞开心扉》这本书中详细解释了这个问题。你可以在这本书中找到更多应对这些困难的方法。

正如我们练习的其他冥想技巧一样，你在练习这一技巧的同时可能会分心，思绪或许会跑到其他事情上。一旦你意识到自己已经偏离了冥想的主题，就以善意的态度重新将注意力转移到你正在进行的任务上来。同样，这里指的还是让我们的思想专注于当下，当我们意识到自己分心时，一次又一次将注意力转回手头的任务上。要一直怀着善意的态度，不因我们在练习中遇到的困难而批判自己。现在你应该已经知道这些技巧只是看起来简单，可实际上要想掌握它们还需要耐心练习才行。要记住，练习时对自己保持善意的态度事实上已经是具有同情心的做法了。

自他交换：给予和接纳

有一种冥想形式可以通过想象发挥善良和同情的作用——自他交换法。我们通过这种练习将呼吸和想象以一种出人意料的方式结合起来以应对痛苦。这种练习能够发挥强大的作用，和慈悲冥想有一定的相似之处。对于更善于和想象而非我们上文所述练习中提到的祝福话语建立联系的人来说，这种冥想方式更有效。

要练习自他交换，你需要先选择一种冥想姿势，然后从简短的平静思绪的练习开始，就像我们之前在慈悲冥想的练习中所做的一样（比如有意识地关注身体和正念呼吸法）。当你感觉自己全心投入练习时，想象那位善良的人就坐在你对面，你将与对方一起完成自他交换的练习。

接下来，请按照以下方式同时进行呼吸与想象：

1. 想象对方的痛苦化为了黑烟。

2. 当你吸气时，黑烟从对方的鼻孔离开身体并被你吸入，进入了你的肺部。

3. 黑烟到达你的肺部后就消散了。

4. 当你呼气时，你内心所有的幸福感和美好的东西都转化成了金色的光芒从你的鼻子呼出并进入对方的身体。

5. 当光芒进入对方的身体后，你内心所有美好的东西便到达了对方心中，使对方脸上浮现出幸福的笑容。

每次呼吸都会重复这个循环：你接受对方的痛苦（黑烟）并将你的幸福（金光）给予对方。没有必要想象详细的场景，重要的是与我们希望带走对方的痛苦并给予对方幸福的愿望联系起来，就像上文例子中富有同情心的父母看到孩子在公园摔倒后所做的一样。

随着你渐渐熟悉这一技巧，你可以花大约10分钟或更短的时间来进行这项练习。和练习慈悲冥想时一样，在此也建议你花时间以你所爱的人、对你来说无关紧要的人和与你曾有过节的人为对象进行自他交换的练习。要想与自己进行自他交换，你可以想象坐在对面的是你自己（这就是想象的好处，一切皆有可能）。

在练习自他交换时，我们也可以穿插进行短暂的"不要专注，不要分心"的练习，就像我们在其他冥想练习中所做的那样。

简单版本。有时候，我的患者发现在练习自他交换时很难"接受痛苦"。如果你也有这样的情况，那么你可以尝试一下包含给予和接纳幸福的一种自他交换的方法。即，你只需要在上文自他交换法的标准步骤中，把你视为"黑烟"的接受痛苦的部分替换为接受幸福，同时想象它以金光的形式到达了你体内即可。就这么简单。

有意识地关注情绪

在我们进行各种冥想练习的过程中，其本质保持不变：身处当下并意识到我们身处当下的事实，同时保持善意的态度。我们通过这种方式关注着声音、生理感受、想法……并始终秉持相同的目的：意识到我们清楚自己正在关注的事情，不引入紧张情绪或要求我们所关注的对象与当下的状态有所区别。

你可能已经验证过多次，想要关注的东西是一回事，注意力最终跑到了哪里又是另一回事，两者相差甚远。思想就是这样，这也是我们训练思想的方式如此重要的原因。换句话说，我们练习冥想的态度具有重要的决定性作用，以至于它可以完全决定我们练习的最终结果。如果你试图采取过多的强制措施，那么你会制造更多紧张的情绪（甚至焦虑、愤怒或其他痛苦的情绪）。如果你没有在练习中投入足够的精力，最后你很有可能会迷失在自己的各种幻想中，要么就是感到无聊或直接睡着了。

你可能也已经验证过冥想练习中存在许多波折的事实。有时你预感一切顺利，有时又觉得情况总是很混乱。有时你不相信冥想会有"好结果"，然而不久后又发现自己的思想总是以出乎意料的方式安静而清醒地涌动着。

冥想练习如此多变，是因为我们的思想也同样多变和捉摸不定。因此，我们练习的目的归根结底就是学习与我们的想法同在，每时每刻意识到自己的想法但不任由自己分心或陷入不由自主编造的故事中。

我们正是要在此时向前迈出重要的一步。我们练习的本质依旧保持不变，但是练习过程中所包含的条件会发生彻底的改变。到目前为止，我们已经尽可能将情绪排除在冥想之外。为此，我们已经试图创造条件以便在最小的情绪压力下进行练习，以便更容易了解思想在非艰难时刻是如何运转的。

接下来我们将要进行彻底接纳一切的冥想，这是一种训练正念的方式，哪怕我们此时完全处于焦虑危机中，正念也能使我们与当下建立联系，让这种情绪自行消退。这项训练很有趣，因为它能够让我们脱离使焦虑长期存在的过程。

像往常一样，要进行这种冥想练习，你要选择一种让脊柱保持自然状态的姿势，让身体的其余部位放松。你可以根据自己的喜好选择坐着或躺着练习。

请从感知当下开始，与你的身体建立联系：注意此时此刻产生的感觉。比如，你的身体对支撑点的压力；如果你是躺着的，你会注意到背部、后脑勺、双臂和双腿处的压力；

如果你是坐着的，你会注意到臀部和其他在地面或椅面支撑点上的压力。敞开你的心扉，在当下将身体作为一个整体来感受：感知那些能够说明你此刻身体状态的感觉（身体的姿势、温度等）。

几分钟后，注意呼吸时腹部产生的感觉，感受它伴随呼吸的起伏。让身体的紧张感得以释放，尤其是要放松面部、眼睛和下颌。将注意力集中在呼吸时产生的生理感受上并持续几分钟，保持放松的状态。只需感觉到这些感受的存在。

几分钟后，请回想让你感到焦虑的情境。为了让一切变得更容易，请选择一种难度中等的情境，也就是说，你在这种情境中感受到的焦虑处于中等水平。这么做的目的是让你能够在当下处理焦虑问题，为此你需要制造焦虑。回忆引起你焦虑的情况是一种以可控的方式触发焦虑的好办法。所以，你要在脑海中重现这样的场景并允许焦虑或其他伴随焦虑的情绪出现。如果你开始感到焦虑，不要试图以任何方式抑制、阻碍或控制这种感受。要记住，焦虑只会令人不适，它本身并不危险。因此，感到焦虑不会对你造成任何伤害。

一旦你感到焦虑，就不要关注你之前用来触发焦虑的回忆或想法了。现在，你要关注你的身体，注意你的身体在此时此刻产生的感觉。

接下来，平静并温柔地将注意力转移到身体感觉最剧烈的区域上来。根据你对这一区域的关注来调整你的呼吸，就像你是通过这一区域来呼吸一样。当你吸气时，你可以想象"打开……打开……"，当你呼气时，你可以想象"放松……放松……放松……"。这样一来，你就可以通过想象"打开……打开……放松……放松……放松……打开……打开……放松……放松……放松……打开……打开……"，将吸气和呼气的循环连接起来。

当你进行这项练习时，重要的是要清楚此时的目的是学习带着好奇和开放的心态，以善意的态度和焦虑共处。也就是说，虽然我们最终的目的明显是摆脱慢性焦虑，但此时重要的是明白我们做这项练习的目的并不是消除练习时产生的焦虑或情绪，它不是一种"解药"。

就像葡萄干练习一样，我们在练习中带着好奇心观察它（见第五章），而现在的任务就是允许焦虑与你同在并带着好奇心观察身体在当下的感觉。这样一来，当你具体注意到喉咙发紧、胸口发闷或某个地方有刺痛感时，你就可以深入了解这些感觉的特点。你可以深入体会这些感受是持续不变还是不断变化的；它们更像某种具体可感的东西还是某种不断变化的能量。如果你发现在生活中其他焦虑时刻产生的感觉之间存在差异，你也可以深入了解这一问题。

这一任务本质上就是带着好奇心深入了解你在练习期间经历了怎样的情绪和生理体验。焦虑就像我们的保姆一样，因此它本身并不具有危险性（只是会令人感到不适），知道了这一点，我们便试图了解焦虑，仿佛我们是第一次感受到焦虑一样：我们带着好奇心观察产生的感觉，但无论这些感觉有多么可怕或令人不适，我们也不试图以任何方式消除或改变它们。正如我多次强调的，焦虑和恐惧都是有用的情绪，因为它们能够保证生存。这些情绪令人感到不适也是有道理的，因为归根结底，它们的作用是让我们在面对危险的情况时迅速采取行动以保证自己的安全（就像非洲斑马一样）。改变一切的重要细节是，当我们遭受慢性焦虑的困扰时，大部分情况下这种情绪都不会帮助我们感觉更好，只会剥夺我们的生活。

为了与焦虑（你脾气暴躁的保姆）和解，你在这一冥想练习中允许自己感受焦虑的本来面目，观察伴随焦虑出现的感觉，仿佛你是第一次注意到这些感觉一样。所以，你要允许一切保持原样，降低警惕，不做出任何防御性的反应（本来也没有什么可防御的）。你要心怀善意地接受这项练习中产生的所有体验，就像孩子在公园摔倒后会哭泣着让父母安慰他，你在这项练习中就像是把孩子抱在怀里安慰的父亲或母亲。

为了进入深度冥想，请你在允许焦虑与自己相伴的同时观察你与此刻产生的生理感受之间有着怎样的联系：

- 你害怕这些感受吗？
- 你想忽略这些感受吗？
- 你想让这些感受立刻停止吗？

当你与这些焦虑的感受保持联系并允许它们展现本来的面目时，这些感受最后总会开始消退。没有什么是永恒的，包括焦虑。当你的焦虑感不那么严重时，再坚持与它共处片刻，不要急着结束练习。

随着时间的推移，焦虑的程度会自行减轻。当你认为焦虑程度已经至少下降了 25% 时，你就可以开启冥想的最后阶段了。像往常一样，你要将身体视为一个整体来关注它，感受空气如何及何时进出身体。几分钟后，这一阶段就结束了。

要记住，向焦虑敞开心扉并彻底接受焦虑的过程是循序渐进的。焦虑是一种强烈的情绪，促使我们不惜一切代价寻求平静。这可能会使得彻底接受一切的冥想练习变得难以完成，甚至在某些情况下具有威胁性。我要强调的是，无论焦虑有多令人不适，它本身并不危险，也不会造成任何伤害。因此，请允许自己体会焦虑的感受，把焦虑当作朋友一样接纳它。

为了使训练发挥作用，划分你在进行这种冥想练习时所引发的焦虑水平是非常重要的。刚开始的时候，没必要通过对自己来说十分具有威胁性的情况或想法来进行练习。随着你逐渐在这种冥想中积累经验，你就可以通过引发强烈焦虑的情况和想法来进行练习了。

在上述标准版本的彻底接纳一切的冥想中，我们试图回想令我们感到焦虑的情境或令我们感到痛苦的想法，但是，一旦焦虑情绪出现，我们就自觉将注意力从这些想法和回忆中转移到身体和生理感受上，以善意的态度有意识地深入探索这些感受。

在高级版本的练习中，我们会致力于彻底接受令我们感到痛苦的想法、担忧和强迫观念。也就是说，我们还是按照标准版本的方式练习,直到我们感到焦虑,但是从那一刻开始,我们不会停止有意识地关注那些我们为了感受焦虑而在脑海中重现的想法、担忧或念头。我们不仅会继续关注这些想法,还会更努力地让它们重现在脑海中。如果我们害怕失去对思想的控制,就努力思考许多事情,为我们能想象到的所有事情而担忧。如果我们有想要回避的强迫性想法,就将这些想法引入我们的脑海中。如果我们担心自己患上癌症,就想象自己以后会得癌症。如果我们害怕死亡,那么就把它看作是不可避免的事情。可以这么说,这就像是一个对外开放日,我们在这一天向自己害怕和每天试图回避的一切敞开心扉。唯一的要求就是允许焦虑与我们同在,在冥想期间不被脑海中产生的故事左右。

这一练习的目的在于让我们意识到我们不等同于焦虑时出现在脑海中的想法、强迫观念或担忧。我们与它们所引发的情绪和想法同在,但是我们不必对这一切采取任何行动,只需意识到我们思想中形成的"马戏团"(见第四章),一直作为观众坐在看台上即可。我们感到焦虑并意识到伴随焦虑而出现的想法,但是不任由自己被这些想法欲告诉我们的事情左右,就像我们在正念思考中所做的那样(见第六章)。在这种情况下,二者最明显的不同在于我们将所有通常不受欢迎的想法和担忧都引入了脑海。

感到焦虑时,我们以善意的态度意识到我们的想法,但不迷失在这种想法想要告诉我们的故事中,只要做到这一点,焦虑情绪便会开始消退。当焦虑程度至少下降25%时,我们就可以开启冥想的最后阶段了，就像标准版本中的做法一样。

与在其他冥想练习中一样，你可以在最后阶段中穿插进行短暂的"不要专注，不要分心"的练习。如果焦虑感过于强烈，你可以随时返回标准版本的练习中。在这种情况下，先将那些想法放在一边，像以前一样专注于生理感受。一旦焦虑程度至少降低了 25%，你就可以根据自己当前的可支配时间和精力，开启冥想的最后阶段或重返高级版本的练习了。

随着你对这种冥想越来越熟悉，你就可以在日常生活中感到焦虑的时候应用这种方法，哪怕是在你不知道自己为什么会感到焦虑的时候（参见第三章的内容，那条快速路径肯定已被激活）。要记住，这种技巧的目的并不是消除情绪，而是让你和情绪以一种不同的、更健康的方式联系起来。在适当的时候，情绪会恢复健康，痛苦也会减轻。当我们为这种治愈的过程创造条件时，它自然就会发生，也就是说，如果你继续练习以宽容、好奇和善良的态度对待情绪，而不任由你产生这些情绪时被脑海中形成的想法左右，你自然就会得到治愈。寻找捷径并不能治愈慢性焦虑；正如我们之前所见，试图回避情绪通常会使焦虑问题变得更严重。

神经训练：一种非同寻常的解决方法

从本章所介绍的技巧中可以看到，我们已经开始直接应对焦虑问题了。鉴于这是一种非常强大且具有威胁性的情绪，我们最好在日常练习中特别关注一下我们每次面对正式冥想练习时的动机。从我们怀着摆脱慢性焦虑的愿望开启这次冒险起，这一目的就可能潜入了我们的冥想练习并消除了所有练习可能带给我们的好处。

根据这种情况，我们面临的巨大危险是"恐惧和希望综合征"，即害怕冥想不能真正对我们有所帮助以及希望冥想可以实实在在地帮助我们。当我们在练习冥想后感到如释重负时，我们所冒的风险是：认为自己终于踏上了"正确的道路"，觉得焦虑感永远不会像之前那么强烈了；当我们感觉这些练习没有缓解焦虑时，我们所冒的风险是：认为这一切对我们没有任何帮助，不值得继续为此投入时间和精力。如果我们不了解情绪多变的特点，不知道我们的康复必然会经历曲折的过程，我们就可能在证实训练的最终结果——摆脱慢性焦虑之前放弃练习。

因此，所有冥想大师都建议在不期待结果的前提下进行练习。不要专注于我们这么做能获得什么，而只是一次又一次致力于回归练习本身的目的，心里清楚果实成熟时自会落下。以善良的态度有意识地完成上述练习就会有所收获。

在每次开始和结束正式练习时，花几分钟时间反思一下我们的动机可以有力地帮助我们避免"恐惧与希望综合征"。由于我们急于摆脱慢性焦虑，为了正确引导这种紧迫感，不过分执着于练习的结果，我们最好培养这样一种期望，即我们所做的冥想练习不仅对自己有好处，还对每天与我们有交集的人有益，无论我们是否认识对方。你甚至可以期望练习所带来的任何好处都能在这个世界上的所有人身上得到体现。你越是扩大自己冥想受益者的数量，就越能削弱可能对你冥想不利的动机。你可以通过念诵某些能够概括这一利他主义愿望的语句与之建立联系，比如：

愿这样的练习能够帮助我了解自己的思想，让我每天都流露出内心的平静以利益众生。

结束冥想练习后，我们再通过念诵以下语句（或另一句你喜欢且能够概括其本质的话）同这种利他的动机联系起来：

愿平静和友善在我身上显现以利益众生。

念诵这些语句的方式和我在慈悲冥想中所说明的方式差不多。其目的并不在于机械地背诵，而在于我们对这些话所传达的内容给予关注并充分理解其中的含义。我所建议的态度可以通过一幅画面表现出来，想象我们是在生日蛋糕前许愿的孩子，坚信我们愿望的力量。在这种情况下，我们许愿时所坚持的信念确实会引发我们所寻求的结果。

按照循序渐进的训练计划，我建议在这一训练阶段为各种练习方法每天留出45～60分钟。

　　在这一阶段的前6周时间里，主要进行的练习是慈悲冥想。从第7周开始，就以彻底接受一切的冥想练习为主。我们每天至少要花20分钟时间进行主要的练习（一次20分钟的练习或分为两次10分钟的练习）。我们会用各种包括正式练习和非正式练习在内的活动来填补每天剩余的练习时间，具体如下：

　　前6周内每天大约要花20分钟进行慈悲冥想。按照这一冥想练习的说明，你要先以某个亲近的人为对象开始练习。唯一的要求就是你很乐意想到对方，不会感到悲伤。你可以花几天（或1周）时间以这个人为对象进行练习。之后，再与我们解释这种方法时提到的其他对象一起继续练习。这6周时间可以帮助你充分熟悉这些练习，以便继续实行训练计划（如果你更喜欢自他交换法，可以在分给慈悲冥想的练习时间内专注于这种冥想方法）。

　　从第7周开始，我们以彻底接受一切的冥想练习为主，标准版本或高级版本均可。请选择对你来说更简单的版本。不是所有人都觉得标准版本比高级版本更容易，因此，请试着了解哪种版本对你来说更简单，坚持每天花费大约20分钟时间进行练习。如果你发现这项练习让你情绪很激动，试着好好挑选一下你练习时所利用的回忆和想法，以便焦虑能够维持在中等水平。之后，当你通过这种冥想获得了一定经验时，你就可以利用更令人不安的回忆和想法来进行练习了。

如果，尽管如此，为引入脑海中的回忆分级以便在中等焦虑水平下练习对你来说还是很困难，你可以选择当下对你来说不会产生太多问题的情绪来进行练习。比如，你可以想象令你恼火的人或令你感到难过的情况。一旦你感到愤怒或悲伤，就按照我们之前在焦虑情况下的做法应对这些情绪。随着你通过这样的技巧获取了一定的经验，你就可以再次尝试让你产生焦虑的情况了。

　　相反，如果你发现到了制造焦虑的时候你却不焦虑了，你就可以看一看表5中列出的词语，以及我们在正念和自由联想中相应的说明（见第六章）。如果你也没能以这样的方式触发焦虑，那么当焦虑在日常生活中突然出现时，你也总是可以试着彻底接受一切。如果在你的日常生活中也没有出现令你感到焦虑的情况，那可能你已经处于良好的状态并克服慢性焦虑了（如果是这样，那我会非常高兴），或是你非常高效地回避了所有令你感到焦虑的情况或想法（这通常是最常见的情况）。在本章"如果不起作用，就尝试不同的方法"这部分的内容中，也介绍了许多为了回避或逃离令我们产生病态焦虑或担忧的情况所使用的方法。逐渐停止使用这类解决办法能够让我们重新发现我们以在生活中遭受种种不便为代价而一直掩盖的焦虑。那时你就可以在现成的情绪条件下进行彻底接受一切的冥想练习并治愈那些导致你长期焦虑的心理过程。

　　在进行了几周对你来说更为简单的练习后，请尝试对你来说难度更高的版本。进行了几周难度更高的练习后，你可以根据你的喜好交替使用这两种练习方法。当然，我还是建议你坚持带着善意的态度练习你不太喜欢的那种方法（这种"不喜欢"通常并非偶然）。

在这一阶段，你还可以做一做之前提到过并且你也喜欢的其他练习，直到圆满完成你日常的训练计划。因此，除了每天20分钟的主要练习外，最好再进行至少20分钟的补充性正式练习以及20分钟的非正式练习（见第五章）。在补充性的正式练习中，我特别推荐正念思考的练习，因为它是高级版本彻底接受一切的冥想练习的基础。你也可以练习正念倾听，尤其是在你最焦虑的时候。当你结束了前6周的训练后，请在每天补充性正式练习的时间内坚持进行大约10分钟的慈悲冥想练习。

在非正式练习中，如果你每天能花5分钟~10分钟反思一下目前生活中让你心怀感激的事情，那就再好不过了（见第三章，感恩日记）。尽管目前仍有困难存在，关注生活中一切进展顺利且通常认为是理所当然的事情是一种很好的练习方法，它可以帮助我们正确看待令我们感到痛苦的事情。

训练的最后一部分就是逐步纠正你所使用的失败的解决方法（你可以回顾本章中"如果不起作用，就尝试不同的方法"这部分的内容）。按你自己的节奏来，但是不要停下。你没有必要一次性面对所有问题情况，但可以利用我所介绍的方法逐步处理这些问题。先尝试对你而言最容易面对的情况。

放弃了那些失败的解决方法后，每当焦虑问题出现时，我们就进行彻底接受一切的冥想。也就是说，当你因没有回避那些令你不安的情况而感到焦虑时，你就要进行这样的冥想练习。当你因为没有向信任的人寻求帮助以确保一切顺利而感到焦虑时，或是当你有了服用额外的药物以平息焦虑的倾向时[①]，以及当你停止强迫行为时（如果你患有强迫症），你都要进行这样的冥想。总之，这意味着全面接受生活的本来面目，允许焦虑出现、停留，并在不必要的时候自行消退。就像我们亲爱的非洲斑马一样，简简单单地生活，仅此而已。

[①] 你如果正在服用治疗焦虑症的药物，记住不要在未向医生咨询的情况下停药。你如果是通过摄入酒精或其他物质来控制焦虑的，最好也向医生进行咨询，以便使用安全的方式减少对这些物质的摄入。

ANSIEDAD
CRÓNICA

第八章
每天都致力于 获得平静

要踏上通往内心宁静的道路，我们只需要带着善意的态度和耐心了解我们的思想，就像本书在各种练习中所提到的那样。现在是时候回顾一下这些方法并一遍又一遍地练习了，完善感知当下的能力，意识到此时此刻展现在你面前的一切。当你继续进行训练时，新的情绪路径就会在你的思想和大脑中开通，慢性焦虑便会"隐姓埋名"，只在事关生存的必要时刻才会出现。

起初，你可能会觉得心怀善意地进行正念训练并没有带给你任何收获，你的焦虑状况也没有得到改善（情况甚至可能更糟糕了）。在训练中期，你会开始看到一些结果，不过这些结果可能并不像你期待的那样持久。焦虑似乎并不是那么不可控，或许还有那么几天或几周时间完全摆脱了病态焦虑的困扰。训练结束时，你会发现你得到了实实在在的收获。平静取代了慢性焦虑，你也摆脱了无用的恐惧继续生活。你会发现，像我们亲爱的非洲斑马一样生活是完全有可能的，它们平静地享受着草原的青草，只在绝对必要的时候才感到恐惧，之后很容易就又恢复了平静。

这样一来，我们就能很好地理解12世纪的藏族圣哲密勒日巴在提到冥想练习时所说的"初无来，中无留，终无去"是什么意思了。

安宁与平静就存在于你的内心，你只需清除那些阻碍它们显现的障碍。

一样。

不幸的是，事情往往并非如此。哪怕有最好的菜谱，我们至少也需要练习上几次才能做出一份美味的蔬菜米饭。影响最终结果的细节有很多：大米的种类、水的硬度、蔬菜的成熟度和产地，我们所使用的炉灶和锅的类型、煎蔬菜的顺序、是否保留煎蔬菜所用的油，油的种类、加入的调料、调料的产地和保存状态，起锅后静置的时间、是否放柠檬，我们作为厨师的经验，等等。

如果做一份美味的蔬菜米饭都如此复杂，试想一下要解决你持续了数月（或数年）之久的焦虑问题将会有多复杂。所以，我们无论多么着急，最好还是要冷静地面对一切，多做一做提出的每项练习，同时关注练习时发生的事情，尤其是要允许自己失败，在一切似乎都与我们的期待背道而驰时宽容一些。

我们的思想如同鳗鱼一样难以捉摸，焦虑出乎意料地极其容易爆发并产生威胁。尽管之前我可能已经说过了，在此我还是想强调一个关键点：无论焦虑让你有多恐惧，它也是一种友好的情绪，哪怕它可能会引起不适。事实上，焦虑让我们人类生存了下来，因为它有保护我们安全的作用。因此，你要允许自己去体验。你要观察身体每时每刻产生的感觉，意识到这些感觉的存在，观察它们如何变化和转变，如何在你关注它们的存在时不再保持不变。观察声音如何通过耳朵到达你的脑海、每种听觉如何演变、寂静如何充满无声的环境。你要意识到对于发生的事情，总存在着某种认知。你甚至可以通过你自己的思想来进行正念练习。

你要观察你对自己想法和感受的看法。认识到你并不等同于你的想法，而更像是接受这些想法的意识。你的思想就像一场马戏表演，上演着最可怕的故事和最动人的剧情，但是你的位置在观众席上，你清楚地知道表演场地内都发生了什么事情，但是不任由自己陷入其中。你要训练自己和焦虑做朋友，不让自己为焦虑想告诉你的可怕故事所左右。不要再为消除生活中的焦虑而采取强制措施，也不要执迷于消除焦虑、强迫观念或病态的担忧，允许它们和你一起存在于当下。但是你要以善良温和的态度接纳它们，就像安抚一个受惊的孩子一样。你只需意识到它们想告诉你的故事只是一个故事而已，并不代表着现实。观察这种情绪而不被它左右就是你摆脱慢性焦虑的办法。有趣的是，在尝试了这么多办法来摆脱焦虑后，这种不采取行动、不作任何努力的做法才能带你走向内心的安宁和平静。

正如我之前所强调的，在这条通往情绪自由的道路上，对心理训练的这一过程心怀善意非常重要。每次练习、每次有意识地关注当下都是一种进步，无论它最终对我们的焦虑产生了怎样的影响。焦虑的每一刻，无论其持续时间和强度如何，对于我们深入研究自己的思想并进行训练都是有好处的。无论如何它都不代表"失败"，也不能证明我们自身有某种最终会阻碍我们摆脱慢性焦虑的缺陷。我们每个人心中都有一处不会枯竭的宁静甘泉，只等着我们找到通往它的道路，清除内心阻止我们接近它的障碍。

当你第一次看到本书的标题时，或许会想："慢性焦虑……？希望这本书中的内容能（真正）对我有所帮助。"如果你已经读到了这里，我希望至少你现在能够认为摆脱焦虑问题确实是有可能的，摆脱焦虑的办法确实是存在的。我知道这不是一件容易的事，但是许多人已经做到了，这也激励着我们每天都付出一点时间和精力来尝试了解我们的思想是如何产生那些情绪的。

另一方面，如果你已经为此付出了时间和精力，你也应该记住现在想要得到结果为时尚早。书中提到的观点和练习都非常有效，能够帮助你摆脱慢性焦虑，但是为了达到这一目的，需要日复一日、周复一周、月复一月地好好完成那些练习。坚持信念并付出努力，同时还要带着善意的态度，这一点尤其重要。

前段时间，一位患者有些绝望地对我说："所有办法我都试过了，我每天都坚持冥想，可仍然无法摆脱这令人厌恶的焦虑。"这位患者已经按照本书的练习计划完成了8周的疗程。我们共进行了8次时长为2小时的心理咨询，他也在我的指导下完成了所有练习。除此之外，他每天在家也坚持完成推荐的练习。然而，尽管我在治疗过程中一直强调要对我们的思想保持善意的态度，不要急于求成，结束了几周的练习后，患者还是这样抱怨了起来。

哪怕他曾经怀有善意的态度，从他抱怨的语气也可以看出他对自己和自己想法的善意已经烟消云散。这名患者遭受慢性焦虑的困扰已经几十年了，接受过许多精神病医生和心理医生的治疗，几乎已经放弃了解决焦虑问题的希望。是的，他或许是完成了所有的练习，对此我并不怀疑。然而，如果不怀着善意的态度看待自己的想法，不允许自己一次又一次地失败，那么这些练习就没法帮助他，反而会产生适得其反的作用。在训练期间或日常生活中对自己的这种严格要求很有可能会将他所有的努力变成又一次失败的经历，从而使他更加坚信自己或许得了"绝症"，任何人、任何办法都不能帮助他。

因此，培养对自己的善意非常重要。你的焦虑问题存在的时间越久，对自己心怀善意并允许自己需要多次失败就越重要。随着时间推移，情绪会在大脑中留下痕迹，从而加大开辟新路径的难度。以我25年的临床经验来看，焦虑可以不再是一种长期存在的问题。关键在于我们要继续我们在此开启的工作。事实上，最后一章的标题或许可以写作"日常神经训练"，我想原因应该很明显。

不过，你应该清楚这本书本质上更像是一本菜谱。从这个意义上说，或许你会认为做一份美味的蔬菜米饭（打个比方）是件十分简单的事情，只要备齐食材然后按照步骤一步步做，这道菜就完成了！这份美味的菜肴就像菜谱上精美的照片所展示的